KB079613

**우주에서
살기, 일하기,
생존하기**

ASK THE ASTRONAUT
: A Galaxy of Astonishing Answers to Your Questions on Spaceflight

by Tom Jones

ASK THE ASTRONAUT

A galaxy of astonishing answers to your questions on spaceflight

우주에서
살기, 일하기,
생존하기

우주 비행사가 들려주는
우주 비행의 모든 것

톰 존스 지음 | **승영조** 옮김

북트리거

불가능한 것이 무엇인가를 묻기는 어렵다.

어제의 꿈은 오늘의 희망이고 내일의 현실이기 때문이다.

— 로버트 H. 고다드(로켓 과학의 선구자)

불가능에 굴하지 않는 차세대 우주 탐험가에게 이 책을 바칩니다.

CONTENTS

들어가는 말

나는 50년 이상 우주 탐험에 푹 빠져 살았다. 우주 탐험은 최고의
관심사이자 내 직업의 알짜배기이기도 했다. 다섯 살 때 할머니가
우주 비행에 관한 얇은 책을 선물해 주신 것이 계기였다. 이 책은
내 상상력을 사로잡았고, 나는 별을 향해 한껏 발돋움하게 되었
다. 그러다 학창 시절, 달에 내디딘 인류의 첫걸음을 지켜보면서
인류의 우주 진출에 단단히 한몫하기로 마음먹었다.

나사에서 새로운 우주왕복선을 발표했을 때 나는 공군 B-52 폭격
기 조종사였다. 몇 년 후 애리조나주 투손에서 우주왕복선 컬럼비
아호를 처음으로 보았다. 이 우주선을 타고야 말겠다는 일념으로
정말 열심히 일했고, 10년 후 세 번째 우주왕복선 임무를 수행할
때 바로 이 우주선을 타고 우주로 날아갈 수 있었다. 국제우주정
거장International Space Station, ISS까지의 한 차례 여행과 네 차례의 우주
왕복선 임무를 수행하며 우주에서 내가 미국을 대표한 것은 크나
큰 행운이자 영예였다.

이 모험의 순간들 가운데 가장 특별했던 것은 우주정거장에서 세
번째 우주유영을 마무리할 때가 아니었나 싶다. 그때 계획보다 일
을 조금 일찍 마친 덕분에, 애틀랜티스호 선실로 돌아가기까지 조
금 여유가 있었다. 나는 일손을 멈추고 우주정거장 앞부분 핸드레
일을 잡고 주위를 둘러보았다.

투명한 헬멧 바이저를 통해 바라본 우주는 숨 막히도록 아름다웠
다. 우주 시대의 커다란 우주선이 관성의 힘으로 자연스럽게 지

구 둘레를 돌고 있었고, 나는 이 우주선 맨 앞머리에 서 있었다. 머리 위로는 검은 융단 같은 하늘을 배경으로 돛을 활짝 펼친 범선처럼, 우주정거장이 금빛 태양전지판 날개를 활짝 펼치고 있었다. 수천 킬로미터 앞에는 지구의 둥그런 수평선이 펼쳐져 있었다. 기다란 수평선은 양 끝이 희푸른 대기 속으로 자취를 감추었다. 바로 발아래 약 400킬로미터 지점에서는 태평양의 찬란한 푸른 바닷물이 고요히 소용돌이치는 눈부신 흰 구름에 쓸리고 있었다. 장엄한 광경을 넋 놓고 바라보던 나는 문득 감사의 눈물이 북받쳐 올랐다. 조물주가 펼쳐 놓은 이 우주의 장엄한 무대를 바라본다는 것은 얼마나 크나큰 선물인가! 이 무대에서 나는 얼마나 작은 존재인가!

이런 장엄한 순간 말고도 나는 우주에서 수많은 가슴 벅찬 순간들을 경험했다. 그래서 마지막 임무를 마치고 지구로 돌아온 후 우주에서의 경험을 많은 사람에게 제대로 들려주기 위해 고심하지 않을 수 없었다. 나는 여러 해 동안 수백 회에 걸쳐 수만 명의 청중에게 강연을 해 왔다. 유치원생부터 기업 임원들에게까지, 미 공군 사관생도부터 교회 신자들에게까지, 세계 여행자들부터 전문직 회의 참석자들에게까지. 그 어디서나 온갖 질문 공세가 펼쳐졌다. 청중들은 기본적인 것부터 아주 특별한 것까지 별의별 것을 다 물어보았다. 그것을 감안해서 이 책에는 꼭 들려주고 싶은 우주 경험에 대한 400가지 이상의 답변을 실었다.

내 우주 이야기는 흥미진진하다. 하지만 더욱 흥미진진할 우주 인류의 미래는 21세기 신세대 우주 탐험가들의 손에 달려 있다. 따라서 다수의 내 답변은 장차 탐험에 나설 준비를 하고자 하는 학생들에게 초점을 맞추는 한편, 그들의 부모와 가족, 교사들도 염두에 두었다.

이제까지 수십 년 동안 태양계를 탐사해 온 우리의 노력은, 무인 우주선을 통해 살짝 엿보기만 했던 여러 새로운 세계를 직접 탐험하는 것으로 이어질 것이다. 언제 어디로 갈 것인지, 인류가 우주에 정착할 수 있는 어떤 혁신, 어떤 발견이 이루어질 것인지는 새로운 개척자들에게 달려 있다. 수세기 동안 우리가 궁금해했던 수수께끼를 풀고, 우리가 미처 상상도 하지 못한 질문을 제기하고, 속 시원한 답을 척척 제시할 새로운 개척자들, 바로 여러분, 또는 여러분의 자녀와 학생들 말이다.

우주 비행사가 먼 우주 미션을 수행하며 근지구 소행성의 표면 샘플을 채취하는 상상도.
(나사 제공)

1. 우주 비행사가 되기로 결심한 것은 언제인가? 그리고 늘 우주 비행사를 꿈꾸었나?

　　우주 탐험에 대한 이야기를 맨 처음 듣는 순간 바로 반하고 말았다. 열 살의 어린이 스카우트 시절, 메릴랜드주 볼티모어의 고향 마을과 가까이 있는 마틴 마리에타 로켓 공장을 방문한 적이 있다. 거기서 제미니-타이탄 2호 로켓을 만들고 있었다. 막강한 그 로켓은 우주 비행사들을 우주로 보내, 최초의 달 착륙에 필요한 기술을 습득하게 하는 데 쓰일 예정이었다.

　　바로 내 고향 마을에서 우주 경쟁이 불타오르고 있었던 것이다!

（구소련과 미국의 우주 경쟁은 1957년에 시작되었고, 아폴로 11호는 1969년에 발사되었다. 1969년에 저자는 14세─옮긴이）

　　10층 높이의 은색과 흑색 로켓을 쳐다보며 우주 비행사야말로 최고의 직업이라는 생각을 한 기억이 난다. 우주 비행사는 날아가는 기계 가운데 최고로 복잡한 것을 타고 날았고, 그 누구도 가 본 적이 없는 곳에 갔다. 이때부터 나는 우주 탐험에 관해 내가 구할 수 있는 모든 자료를 줄기차게 찾아 읽어 대기 시작했다. 그러면서 언젠가는 꼭 우주 비행사가 되고야 말겠다고 마음먹었다.

2. 우주 비행사를 꿈꾼 계기가 있나?

　　다섯 살 때 할머니가 『우주 비행: 다가오는 우주 탐험』이라는 책을 선물해 주셨다. 이 책 덕분에 천문학과 로켓에 관심을 갖게 되었다. 하지만 진정 내가 낚이고 만 것은 1960년대 미국과 구소련의 치열한 달 착륙 경쟁 때문이었다. 열 살의 나이에 비행기와 비행에 반해서, 우주선 발사 장면을 하나도 놓치지 않았다.

1966년 타이탄 2호 로켓을 단 제미니 2호 발사 장면. 타이탄 2호 로켓은 메릴랜드주 볼티모어 근처의 마틴 마리에타 공장에서 만들고 시험했다. (나사 제공)

할머니가 선물로 주신 이 책은 내가 우주 비행사가 되는 계기가 되었다—1960년 책
표지. (저자 소장)

학교 선생님들은 우리가 제미니호와 아폴로호 발사와 착륙 장면
을 지켜볼 수 있도록 교실에 텔레비전을 가져오셨다. 우리는 수업
을 뒷전으로 미루고 우주 뉴스를 시청했다. 우주 비행사들이 중요
임무를 수행하는 모습을 생중계하는 텔레비전의 뉴스 앵커들은
나만큼이나 흥분했다.

미국 최초의 우주유영, 두 우주선의 최초 궤도 도킹, 최초의 아폴

로호 달 선회 비행 등을 지켜본 기억이 지금도 생생하다. 미국이
우주 경험을 착착 쌓아 가는 동안 선생님들은 물론이고, 어머니
아버지와 친구의 부모님, 근처 타이탄 로켓 공장에서 일하는 수많
은 사람들이 너나없이 미국의 우주 기술 진보를 얼마나 중시하는
지 여실히 느낄 수 있었다.

나는 어머니 아버지와 선생님들이 하는 말을 믿었다. 학교 공부
를 열심히 하면 언젠가는 나도 우주 비행사가 될 수 있다는 것을.
1968년 영화 〈2001: 스페이스 오디세이〉 관람에 이어 1969년 아
폴로 11호의 달 착륙을 지켜보면서, 우주 비행사가 되고야 말겠다
는 내 꿈은 더욱 여물어 갔다.

3. 우주 비행사가 되기로 했을 때 부모님이 반대는 하지 않았나?

어려서부터 천문학과 우주 비행에 관심을 가진 나를 부모님은 늘
격려해 주었다. 미국과 구소련 사이의 치열한 우주 경쟁 때문에
미국인들은 우주 탐험에 관심이 많았다. 부모님은 우주 비행사가
해 볼 만한 멋진 직업이라는 사실을 잘 알고 있었다. 또한 이웃들
상당수가 제미니-타이탄 2호 계획을 추진 중인 마틴 마리에타 공
장에서 일하고 있었다. 내가 열두 살로 접어든 겨울 크리스마스
때 부모님은 가족용으로 렌즈 직경 76mm(3인치) 반사 망원경을
샀다. 나는 그것으로 달 표면과 가까운 행성들을 관찰하곤 했다.
고등학교 시절에는 시험비행 조종사가 되는 길과 우주 비행 교육
을 받을 수 있는 길을 열심히 모색하기 시작했다. 아버지는 우선
공군사관학교를 마친 후 우주 비행사의 길을 추구하라고 격려해
주었다. 부모님은 내 꿈을 비웃은 적이 없다. 오히려 열심히 공부

하면 꿈을 이룰 수 있다고 부추겼다. 어머니는 비행 공포증이 있어서 결코 비행기를 타려고 하지 않았다. 그런데도 상상 가능한 가장 위험한 직업을 꿈꾸는 아들을 위해 비행 공포증을 숨겼다.

4. 우주 비행사가 되기 위해 어떤 과정을 밟았나?

우주 비행사가 되기로 처음 결심했을 당시, 나사의 우주 비행사 가운데 과학자는 소수였다. 대부분의 우주 비행사가 시험비행 조종사거나 엔지니어였다. 그래서 나는 시험비행 조종사가 될 수 있는 최고의 과정으로 공군사관학교를 선택해서 입학했다. 졸업 후에는 조종사 자격을 얻고 B-52 스트래토포트리스 폭격기 부조종사 겸 편대장으로 5년 동안 복무했다.

달 착륙 경쟁 이후 나사에서는 후속 우주 미션을 위해 우주왕복선을 만들었다. 이때 과학 박사 학위를 받으면 우주 미션 전문 비행사 자격을 얻을 수 있다는 것을 알게 되었다. 나는 천문학과 우주과학을 가장 좋아했기 때문에 행성학 학위를 따기로 결심했다. 그래서 5년 동안 애리조나대학을 다니며 소행성 연구를 전공해서 박사 학위를 받았다.

박사 학위를 받은 후 처음 들어간 직장은 미국 중앙정보부CIA였다. 거기서 계획 관리에 관한 연구를 했는데, 덕분에 나는 힘든 연구 개발직을 잘 해낼 수 있다는 것을 입증할 수 있었다. 그런 연구 개발은 장차 내가 나사에서 맡게 될 미션과 비슷한 점이 많았다. 우주 비행사가 되기 전 마지막으로 얻은 직장은 과학응용국제협회SAIC였다. 여기서는 나사의 태양계 탐사 계획을 도왔다.

5. 결국 우주 비행사가 되는 데 성공했는데 비결은 무엇인가?

엄청난 경쟁을 뚫어야 한다는 것을 알고 있었기 때문에, 대학에서 최고의 성적을 거두기 위해 열심히 공부했다. 또 직장에서는 남보다 뛰어나려고 노력했다. 공군에서는 최고의 조종사 겸 훌륭한 편대장이 되고자 했다. 그다음에는 존경받을 만한 과학자가 되고자 했다. 원래는 시험비행 조종사가 되려고 했지만, 늘 새로운 발견으로 넘쳐 나는 우주과학에 더 관심이 쏠렸다. 물론 우주 비행사가 되는 것이 목표였지만, 우주 비행사가 못 될 경우, 좀 더 오래 도전적으로 일할 수 있는 직종을 원한 것이다.

나사의 우주 비행사 모집에 응할 때마다 나는 이력서에 새로운 재능과 기술을 추가해서 계속 나아지고 있는 모습을 보여 주려고 했다. 두 번 탈락을 한 후에도 포기하지 않았다. 열세 번이나 도전해서 성공한 동료 우주 비행사도 있다. 단호한 의지가 중요하다!

6. 처음 우주에 갔을 때 몇 살이었나?

첫 우주 미션을 수행한 것은 서른아홉 살, 마지막 비행을 한 것은 마흔여섯 살이었다. 아인슈타인의 상대성이론에 따르면 우주에서 빠르게 움직일 경우 시간이 느리게 가기 때문에 지구에 있는 사람보다 나이를 덜 먹는다고 한다. 나는 지구 궤도에 있는 동안 항상 시속 2만 8,530킬로미터로 날았다. 덕분에 100만 분의 3초쯤 나이를 덜 먹었다!

7. 우주에 몇 번이나 갔나?

나는 네 차례 우주왕복선 미션을 맡아 지구 밖에서 미국을 대표하

는 영예를 누렸다. 처음 세 번은 과학 탐사를 했고, 마지막 미션 때
는 14억 달러짜리 과학 실험실 모듈인 데스티니를 배달하고 작동
시킴으로써 국제우주정거장 추가 건설에 한몫을 했다.

8. 네 차례 미션의 목적은 각각 무엇이었나?

우주왕복선 미션에는 항상 '우주 수송 장치Space Transportation System'의
영어 머리글자인 'STS'에 번호를 붙인다. 설계 당시의 우주왕복선
이름이 바로 '우주 수송 장치'여서, 그 머리글자를 쓰게 된 것이다.
첫 번째 우주왕복선 미션은 물론 STS-1이었다. 나는 다음 네 차례
미션을 수행했다.

- STS-59: 지구 영상화 장치인 스페이스 레이더 랩SRL으로 과거
  와 달라진 지구의 모습을 조사.
- STS-68: 스페이스 레이더 랩 2호로 지구의 자연 변화와 인위적
  변화를 스캔.
- STS-80: 과학 연구 위성 1기를 발사하고 1기 회수.
- STS-98: 미국 과학 실험실 모듈인 데스티니를 국제우주정거장
  에 배달.

9. 지구 궤도를 몇 바퀴나 돌았나?

동료들과 함께 지구 둘레를 847바퀴 돌았다. 비행 거리는 지구에
서 태양까지 거리의 4분의 1에 가까운 약 3,500만 킬로미터에 이
른다(지구에서 태양까지 거리는 약 1억 5,000만 킬로미터 —옮긴이). 나
는 지구에서 377킬로미터 이상 멀리 벗어난 적이 없다. 달까지 간
아폴로 우주 비행사들은 내가 머문 우주보다 1,000배는 더 먼 곳

까지 여행했다.

10. 우주에서 보낸 시간이 얼마나 되나?

내가 우주에서 네 차례 미션을 수행한 시간은 모두 53일 49분이다. 발레리 폴랴코프는 단일 미션으로 최장 기간 우주에 머문 기록을 세웠는데, 1994년 1월 9일부터 1995년 3월 22일까지 438일 동안 러시아 우주정거장 미르호를 타고 날았다. 러시아의 겐나디 파달카는 우주에서 최장 기간 머문 기록을 세웠는데, 미르호에 다섯 차례 탑승해서 879일을 우주에서 보냈다.

2014년 12월, 델타 4호 로켓을 장착한 먼 우주 탐사선 오리온호가 최초의 무인 시험비행으로 이륙하고 있다. (나사 제공)

1. 우주선 발사 가속도와 무중력을 대비한 모의 훈련은 어떻게 하나?

나는 우주 비행을 할 때 무엇을 보고 느낄지 어서 경험하고 싶어 안달이 났었다. 누군들 안 그러겠는가? 하지만 그러기 위해서는 먼저 훈련을 받아야 했다.

우주에 도달하려면 인간의 신체로는 견디기 힘들 만큼 높은 중력가속도로 날아야 한다. 이런 상황에 익숙해지기 위해 우주 비행사 동료들과 함께 노스롭 T-38 제트기를 타고 훈련했다. 이 제트기로는 강도 높은 중력가속도로 기동 비행과 곡예비행을 했는데, 이는 미공군 조종사 시절 내가 특히 좋아했던 훈련이다. 또한 아주 빠른 속도로 회전하면서 가속도를 높이는 거대한 원심기 훈련도 했다.

가장 신났던 발사 모의 훈련은 인간 원심분리기를 탄 것이다. 텍사스주 샌안토니오의 브룩스 공군기지에 있는 이 원심기의 긴 강철 팔 끝에 달린 선실에 탑승해서 고속 회전을 하면 의자 뒤로 강하게 몸이 압착된다. 이때 우주선 이륙 도중 느낄 수 있는 것과 동일한 중력가속도를 경험하게 된다.

또한 이륙용 우주복을 입고 우주왕복선 좌석의 안전띠를 맨 채, 세 번의 모의 발사 훈련을 각각 8분 30초 동안 받았다. 마지막 1분 동안은 몸에 가해지는 힘이 너무 강해서 체중이 평소의 세 배인 200킬로그램이 넘는 느낌을 받았다. 이때 숨을 쉬기도, 팔을 들기도 어려웠는데, 이런 훈련을 통해 지구 궤도로 올라갈 때 어떤 일이 벌어지는지 알 수 있었다.

그리고 자유낙하 상태의 무중력을 경험하기 위해 나사의 KC-135 제트기에 탑승했다. 이 제트기는 '보밋 코밋Vomit Comet'(구토를 일으

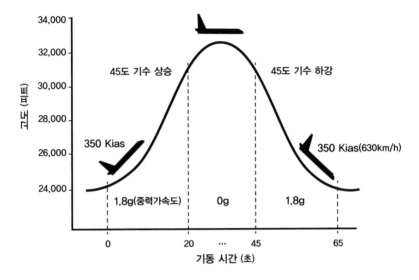

나사의 C-9 제트기 비행 궤도. 실험실과 우주 비행사를 자유낙하 상태에 이르도록 하는 데 이용된다. (나사 제공)

키는 혜성)이라는 썩 어울리는 별명으로 불렸다. 매번 비행을 할 때마다 롤러코스터를 타는 것 같은 급상승과 강하를 40회 반복하는데, 매번 25초 동안 자유낙하 상태에 이른다. 이렇게 자유낙하 상태를 되풀이하며 2배의 중력가속도를 경험할 때면 심하게 멀미를 하게 된다. 이 제트기는 자신의 별명을 한 번도 배신하지 않았다!

2. 휴스턴에 있는 나사의 존슨 우주 센터에는 중력을 없앨 수 있는 반反중력실이 있나?

존슨 우주 센터의 여행 가이드는 종종 그런 질문을 받는다. 하지만 반중력실이란 건 없다. 그런 방 대신 나사에서는 특수한 고속 제트기를 이용해 자유낙하 상태에서의 무중력을 체험케 한다. 그리고 중성부력 실험실―우주 센터 근처에 있는 거대한 물탱

크—을 이용해, 우주 비행사가 우주유영을 할 때 우주복과 각종
장비가 어떻게 기능하는가를 익히도록 한다.

3. 우주선 조종법은 어떻게 배우나?

우주선 조종이 처음에는 굉장히 복잡해 보인다. 나사에서는 이를
좀 더 쉽게 익힐 수 있도록 단계별로 나누어 1년 이상 기초 훈련을
시켰다. 우리는 우주왕복선 시스템(전기, 수력학水力學, 컴퓨터, 추진
등)을 이해하는 것을 목표로 기초 수업부터 받기 시작했다.

다음에는 이들 시스템을 운용하는 연습을 했다. 이 연습은 간단한
모조 스위치 패널과 디스플레이 장치, 그리고 점검표를 가지고 했
다. 이어 모든 시스템이 작동하는 모의 비행 장치 안에서 우주왕
복선 '비행' 연습을 했다. 우주 미션이 주어지면, 마지막으로 미션
을 정확히 수행하는 방법과 가능한 모든 비상사태에 기민하게 대
처하는 방법을 터득할 때까지 모의 훈련 장치(시뮬레이터) 안에서
해당 미션을 연습했다. 이런 모든 과정을 마치는 데 약 2년 반이
걸렸다. 국제우주정거장ISS에 배속된 우주 비행사들은 궤도 실험
실 운영과 우주 수송 방법을 익히기 위해 위와 비슷한 단계별 훈
련을 받는다.

4. 국제우주정거장에서 일하려면 어떤 언어들을 알아야 하나?

국제 항공 수송 언어가 영어인데, ISS의 공식 언어 역시 영어다. 우
주정거장 운용과 관련한 모든 과제를 다루기 위해서는 영어를 알
아야 한다. 승무원의 반은 러시아 사람인 데다, 모스크바의 미션
관제 센터와도 자주 연락을 주고받기 때문에, 러시아어로 된 기술

유럽우주국 우주 비행사 사만사 크리스토포레티가 국제우주정거장 모형에서 훈련을 하고 있다. 텍사스주 휴스턴에 위치한 존슨 우주 센터 근처의 나사 중성부력 실험실의 2,350만 리터들이 물탱크 안의 모습. (나사-ESA 제공)

나사 우주 비행사 스콧 켈리가 러시아 스타 시티에 위치한 가가린 우주 비행사 훈련 센터의 소유스 시뮬레이터 안에서 훈련을 하고 있다. (나사/빌 잉걸즈 제공)

적 과제를 수행할 수 있을 만큼 러시아어를 구사할 줄도 알아야 한다. 소유스 우주선을 조작하기 위해서도 러시아어를 배울 필요가 있다. 게다가 몇 년씩 같이 훈련을 받고 궤도에서 여러 달을 같이 지내는 동료 승무원들의 언어를 아는 것이야말로 신뢰와 우정을 쌓는 최선의 방법이다.

5. 우주 비행사들은 무슨 일을 하고, 직함은 무엇인가?

국제우주정거장 임무 기간은 6개월 정도 된다. 그동안 우주 비행사들은 과학 연구를 하고 우주정거장을 조종한다. 우주정거장을 유지 보수하기 위해 우주유영을 하기도 하고, 로봇 팔(원격 조종 시스템)을 조작해서 도착한 화물선을 붙잡거나 새 과학 장비를 설치하기도 한다. ISS에 탑승할 모든 우주 비행사는 비행 엔지니어로 임명되지만, 한 명은 사령관이 된다. 이것은 소유스호나 미래의 우주 택시인 크루 드래건호와 CST-100 스타라이너호의 경우도 마찬가지다.

자격을 갖춘 우주선 승무원이라면 아직 첫 비행을 하지 않았어도 우주 비행사라는 직함을 받는다.

6. 우주에서 비상사태에 대처하는 방법은 어떻게 배우나?

죽느냐 사느냐의 비상사태에 올바르게 대처하는 방법을 배우는 것이야말로 가장 고난도의 우주 비행 훈련이다. 훈련 도중 교관들은 우리 지식과 기술의 허점을 파고든다. 일단 우리가 우주왕복선 시뮬레이터를 다루는 데 능숙해지면, 우리가 실수를 저지를 때까지 계속 일부러 문제를 일으킨다. 우리를 그저 진땀 나게 하려는

2007년 ISS에 탑승한 승무원들의 단체 사진. 중앙은 우주왕복선 STS-120 미션의 사령관 팸 멜로리. 그 아래 왼쪽의 검은 셔츠 차림부터 시계 반대 방향으로, ISS 엑스퍼디션 16의 승무원인 클레이 앤더슨, 사령관 폐기 윗슨, 유리 말렌첸코. 맨 왼쪽부터 시계 방향으로, STS-120 미션의 스테파니 윌슨, 댄 태니, 스콧 파라진스키, 더그 윌락, 파올로 네스폴리, 조지 잼카. (나사 제공)

게 아니라, 엔진 고장이나 선실 화재와 같은 비상사태를 복구하고 우주선을 안전하게 운행하는 방법을 가르치기 위한 것이다. 또한 우리는 그런 문제가 각 팀원에게 과중한 부담이 되지 않도록 서로 작업을 분담하는 방법을 배운다. 문제에 대처하는 모의 훈련 과정을 통해 우리는 승무원으로서 비상사태를 냉정하게 극복할 수 있는 능력을 점검한다.

7. 우주선에는 몇 명이나 타나?

국제우주정거장의 승무원은 6명의 우주 비행사로 구성되어 있지만, 7명까지 늘릴 수 있다. 러시아의 소유스 캡슐은 3명이 타고 발사를 하는 것이 보통이다. 중국의 선저우神舟 캡슐에도 3명이 탔다. 우주왕복선은 적을 때 2명, 많을 때는 8명이 탑승했다. 미래의 상업용 우주 택시는 7명의 승무원과 승객이 타게 될 것이다. 그리고 탐사선 오리온호는 한 달씩 지속되는 먼 우주 미션을 맡은 우주 비행사 4명이 타게 될 것이다.

8. 승무원의 미션 휘장은 누가 디자인하나?

승무원이 직접 한다. 일단 우주 미션이 주어지면, 승무원들이 모여 미션의 여러 주제를 논의하면서 주제를 한눈에 알아볼 수 있는 매력적인 디자인 아이디어를 낸다. 휘장 디자인을 위한 아이디어를 직접 스케치하는 경우도 있다. 화가 친구나 다른 동료들에게 제안을 받는 경우도 많다. 일단 디자인을 결정하면 나사와 협력 업체에서 휘장 도안을 만들어 보여 주고 승인을 받는다. 완성된 휘장은 새로운 모험을 떠나는 승무원들의 희망과 목표를 대변한다.

9. 우주 비행사는 첫 비행을 하기까지 몇 년이나 기다려야 하나?

국제우주정거장까지 비행하도록 선택된 나사의 우주 비행사들은 채용된 시점부터 5년 이상을 기다리는 게 보통이다. 1, 2년은 우주 비행사 후보로 훈련을 받고, 이어 우주 비행 대원으로 1년 이상 기술적인 과제를 익힌다. 그 후 비행 임무를 맡으면 해당 임무에 따른 특수 훈련을 2, 3년 동안 받는다.

ISS에서의 임무를 마친 후에는, 다시 우주로 나가기까지 5년 정도를 기다리는 것이 보통이다. 다시 훈련을 시작하기 전에 지구에

저자가 수행한 STS-98 미션 휘장. 우주왕복선 승무원들이 이 휘장을 만들기 위한 원 안을 만들고 색깔까지 결정했다. 미국의 새로운 과학 실험실 모듈인 데스티니를 가지 고 ISS로 향하는 애틀랜티스호를 나타냈다. (나사 제공)

적응하고 재충전할 시간을 갖기 위해 먼저 지상 근무를 하게 된
다. 나사에서는 2020년대 중반까지 ISS로 보내거나 우주 택시를
시험하거나, 오리온호에 탑승할 인원 등을 모두 합쳐 1년에 6명
정도를 예정하고 있어서, 대기 시간이 짧아질 것 같지는 않다.

10. 엑스퍼디션, 곧 특수 우주 미션을 위한 훈련 기간은 얼마나 되나?

국제우주정거장에 오래 머무는 미션(이것을 엑스퍼디션expedition이라
고 한다―옮긴이)을 위한 훈련은 최소 2년이 걸린다. 고도로 자동
화된 미래의 상업용 우주 택시라면, ISS까지 오가는 짧은 여행을
위한 훈련을 받는 데 1년 정도 걸릴 것이다.

나사의 설명에 따르면 엑스퍼디션 훈련은 아주 고되다. 여기저기
돌아다니며 훈련을 받게 되는데, 각국의 파트너와 여러 나라에서
장기 훈련을 받기도 한다. 미래의 먼 우주 탐사의 경우에는 오리
온호를 비롯한 여러 우주선을 다뤄야 하기 때문에 5년씩 훈련을
받을 수도 있다.

11. 우주 비행사 후보는 어떤 훈련을 받나?

우주 비행사 후보는 우주에서 능숙하게 작업을 하고, 우주 환경의
위험을 잘 극복하고, 발생 가능한 비상사태에 효과적으로 대처하
기 위한 훈련을 받는다. 우선 교실 수업부터 받기 시작해서, 고성
능 제트기 비행 훈련, 생존 훈련, 자유낙하 실습, 우주선 시뮬레이
터 집중 훈련, 취사 교육, 러시아어 수업, 체력 단련, 정비 훈련, 우
주유영 훈련, 리더십 훈련 등을 받게 된다. 내 경우 우주 비행사 후
보 훈련은 진도가 빠르고 집중적이고 도전적이고 흥미진진했다.

나사의 먼 우주 탐사용 유인 우주선 오리온호가 지구 궤도에 도착한 상상도. (나사 제공)

그 모든 과정을 마치기만 하면 우주 비행을 할 수 있다는 기대감
에 훈련을 열심히 받을 수 있었다.

12. 지구에서의 비행 훈련이 우주 비행에도 유용한 이유는 무엇인가?

우주 미션을 대비해 제트기로 훈련하는 것을 나사에서는 우주 비
행 준비 훈련이라고 부른다. 조종사가 제트기 조종실에서 내리는
결정과 우주 비행사가 우주선에서 내려야 하는 결정은 서로 닮은
데가 많다. 우주 비행사는 끊임없이 안전과 미션 우선순위, 날씨,
남은 연료 수준, 비행경로에 대한 결정을 내려야 한다. 우주선 시
스템이나 기타 장치에서 발생 가능한 문제에 대처해야 하고, 무전
을 통해 관제사나 동료들과 의사소통도 명확하게 해야 한다는 점
도 닮았다.

노스롭 T-38 제트 훈련기와 함께 있는 우주 비행사 에일린 콜린스와 저자 톰 존스. 여러 우주왕복선을 제작한 캘리포니아 팜데일 공장에 방문했을 때. (나사 제공)

나는 나사의 교관이나 우주 비행사 파일럿들과 함께 훈련용 '노스롭 T-38N' 제트기를 조종하는 훈련을 받았다. 그리고 나사의 '세스나 시테이션 2호' 상용 제트기를 지휘하며 새로운 우주 비행사들에게 비행 도중 의사결정과 팀 작업 연습을 시키기도 했다. 고성능 항공기를 안전하게 운행하며 올바른 결정을 하고 의사소통을 명확하게 하는 것은 역동적이고 치열한 우주 비행에서도 꼭 필요하다. 스트레스가 심하고 때로 적대적이기까지 한 우주 환경—잘못된 결정을 내리면 크게 다치거나 죽을 수 있는 상황—에서는 더욱 그렇다.

13. 우주 비행 시 필요한 체력은 어떻게 단련하나?

우주 비행은 육체적으로 힘든 일이다. 이륙할 때, 우주에서 작업할 때, 지구로 귀환할 때 등 육체적으로 힘든 상황을 견디려면 강한 체력이 필요하다.

체력을 단련하기 위해 우주 비행사들은 규칙적으로 체육관에서 운동을 한다. 지난날의 우주 비행사들은 여러 해 동안 존슨 우주 센터의 체육관에서 심하진 않지만 효율적인 운동을 했다. 그곳에는 하프 코트 농구장 하나, 스쿼시와 라켓볼 코트 둘, 각종 운동기구, 암벽 등반 연습용 인공 벽, 야외 육상 트랙 등이 있었다. 현재의 우주 비행사들은 존슨 우주 센터 근처에 있는 대규모의 컬럼비아 신체 단련 재활 센터를 이용하고 있다(이 센터 이름은 2003년 공중 분해된 우주왕복선 이름을 딴 것이다). 이곳에는 현대적인 운동 장비와 재활을 위한 수영장이 있다. 또한 장기 우주 비행에 대비해 체력 단련을 시키고, 귀환 후 재활 기간에 조언해 줄 운동 코치를 위한 사무실도 여럿 있다.

발사 1년 전, 승무원들에게 체력 단련 전문가가 배정된다. 전문가들은 전신 신체 단련과 규칙적인 체력 훈련을 강조한 훈련 계획을 짠다. 우주 비행사들은 이 계획대로 1주일에 여러 차례 규칙적인 운동을 한다.

발사 전, 우주 비행사들 전원이 심혈관 기능을 측정할 수 있는 실내 자전거로 심장과 폐 검사를 받는다. 또한 신체 기능과 민첩성, 등속성, 근력 등을 점검받는다. 임무를 마치고 돌아오면 다시 신체검사를 받고, 발사 전과 비교한다.

14. 휴스턴에서 우주 비행사를 훈련시킬 때 어떤 시설을 이용하나?

나사의 우주 비행사들이 훈련을 받는 텍사스주 휴스턴의 존슨 우주 센터에는 강의실이 많다. 컴퓨터를 이용하는 트레이너, 시뮬레이터, 국제우주정거장 모형과 오리온호 모형, 민간 우주선 모형도 있다. 우주 비행사들은 우주선을 ISS에 도킹하기, 소행성이나 달 표면 위로 주행하거나 날기 등 우주에서 할 일을 시뮬레이터로 연습한다. 그리고 우주 비행사와 교신할 노련한 비행 관제사들과 관제 센터에서 같이 훈련을 함으로써 우주에서의 실제 작업을 미리 숙지한다.

우주 비행사들은 야외의 화성 지형 모형에서 표면 탐사선을 운전하며 지질 탐사 연습을 한다. 우주 센터 북쪽 가까이에 엘링턴 필드 공항이 있는데, 여기서는 T-38 탤런 제트 훈련기를 타고 우주 비행 준비 훈련을 받는다. 이 공항에는 또 우주유영 훈련용인 중성부력 실험실이 있다.

15. 나사에서 사용하는 우주 비행사 훈련용 시뮬레이터는 실제와 얼마나 닮았나?

국제우주정거장 시뮬레이터는 존슨 우주 센터에 2기가 있다. 이 시뮬레이터로는 날거나 자유낙하 훈련을 할 수 없지만 우주정거장의 겉모습과 느낌을 아주 잘 재현했고, 거기서 우주정거장 운용에 필요한 기술을 익힐 수 있다.

실제 크기의 우주정거장 모듈들 모형으로는 우주정거장 수리, 화재 진압, 도킹한 화물선의 화물 운반 등을 실감나게 훈련할 수 있다. 또 안전 장비와 해치, 우주복 등의 이용 훈련도 할 수 있다.

우주선 모형 설비. 국제우주정거장 시설 배치와 똑같은, 실물 크기의 복제품이다. (나사 제공)

또 다른 시뮬레이터로는 ISS 컴퓨터 시스템을 이용한 통신과 시스템 조작, 우주정거장 기동, 도킹 연습 등을 할 수 있다. 곧 추가될 우주 택시 시뮬레이터로는 이륙 자세로 누운 채 카운트다운과 상승, 수상 착륙 연습을 하게 될 것이다.

16. 다른 나라는 우주 비행사 훈련을 어디서 하나?

국제우주정거장을 이용하는 국가는 저마다 자체 훈련 시설을 갖추고 있다. 일본은 도쿄의 위성도시인 쓰쿠바 과학도시에 훈련 시설이 있다. 유럽은 독일 쾰른 근처에 유럽 우주 비행사 센터가 있다. 캐나다는 퀘벡주 세인트허버트에 존 H. 채프먼 우주 센터가 있다. 그리고 러시아는 모스크바 근처의 스타 시티에 가가린 우주 비행사 훈련 센터가 있다.

초기 훈련을 마친 후, 일본과 유럽, 캐나다 우주 비행사들은 휴스턴에서 ISS 엑스퍼디션 특수 훈련을 받는다. 나사 우주 비행사들은 ISS 엑스퍼디션 훈련 기간의 거의 반을 모스크바에서 보내고, 러시아의 우주 비행사들 역시 같은 기간을 휴스턴에서 훈련받는다.

17. 우주 비행사를 꿈꾸는 이들이 이용할 수 있는 우주 훈련 프로그램이 있나?

우주 비행 훈련 맛보기를 할 수 있는 곳이 미국과 러시아 곳곳에 많이 있다. 예를 들어 케네디 우주 센터 전시관에 우주 비행사 훈련 체험장이 있다. 앨라배마주의 미국 우주 로켓 센터에서는 청년과 성인을 위한 우주 캠프를 운영하고 있다. 러시아의 스페이스 어드벤처 주식회사는 모스크바 근처의 우주 비행사 훈련 센터에서 우주 비행 훈련 체험 프로그램을 운영하고 있다.

18. 우주 비행사를 꿈꾼다면 우주 캠프에 가는 게 좋을까?

내가 방문한 여러 우주 캠프에서는 잠깐이지만 실감 나는 우주 비행사 훈련과 비행 체험을 맛보여 준다. 캠프의 시뮬레이터를 통해 직접 체험할 수 있는 활동이 많다. 우주 비행사가 우주에서 하는 일들, 예를 들어 로봇 팔 조작, 우주선 비행, 국제우주정거장

실험실 작업 등을 체험할 수도 있다. 팀을 이루어 힘든 상황에서
작업하는 방법도 배우면서 우주 비행이 얼마나 재미있는지 엿볼
수 있다.

우주 비행사의 임무를 가까이에서 살펴보고 관심사가 비슷한 또
래를 만날 기회를 얻고 싶다면, 교육적이면서도 재미난 방학 활동
으로 우주 캠프에 참여해 볼 만하다.

19. 민간 우주 회사는 자체 우주 비행사를 직접 훈련시키나?

민간 우주 회사에서는 자체 훈련 계획을 개발해서 직접 훈련시키
거나, 우주 비행 훈련을 받은 전문가들을 고용한다. 필라델피아
근처의 국제 우주 항공 훈련 연구소에서는 민간 우주 비행 승무
원이나 승객에게 전문적인 훈련을 시키고 있다. 이 훈련 연구소에
서는 시뮬레이터, 원심기, 감압실 등을 체험할 수 있다. 버진 갤럭
틱사는 뉴멕시코주 사막의 민간 우주기지인 스페이스포트 아메
리카에서 우주 비행 훈련을 받게 하겠다고 승객들에게 약속하고
있다.

20. 저자는 최초의 우주 모험을 대비한 훈련을 잘 받았나?

땅에 붙어사는 우리 인간에게 우주 비행은 아주 위험해 보인다.
하지만 지난 반세기 동안의 우주 경험을 통해 우리는 우주 비행사
를 잘 훈련시킬 수 있는 능력을 길러 왔다. 나사에서는 나의 첫 우
주왕복선 미션을 대비해 훌륭하게 훈련을 시켜 주었다.

인데버호가 지구 궤도에 도착해 엔진을 껐을 때, 우주선 안에 있
던 나는 더할 나위 없이 편안했다. 나는 우주복 장갑을 벗고, 장갑

이 내 얼굴 앞에 둥둥 떠 있는 것을 지켜보았다. 이어 안전띠를 풀고 주위를 둘러보았다. 모든 것이 친근해 보였다. 갖가지 스위치, 많은 보관함과 각종 기계 장치를 익히 알고 있었고, 정확히 무슨 일을 해야 할지 알고 있었다. 몇 분 후 나는 우주 레이더 실험실 가동 작업을 거들었다. 그토록 많이 연습을 거듭했던 일을 실제로 우주에서 하게 된 것이다!

21. 우주 비행사 훈련은 재미있나?

내 경우 대부분의 훈련이 정말 너무나 재미있었다. 물속에서 우주 유영 훈련을 할 때는 늘 그랬듯 무척 힘이 들었다. 대부분의 시뮬레이터 훈련 기간에는 스트레스가 여간 아니었다. 우주왕복선 컴퓨터와 추진 장치를 다루는 훈련 역시 호락호락하지 않았다.

그러나 정말 재미난 경험을 많이 했다. 제트기 비행, 꾸역꾸역 우주복 걸치기, 우주식 시음하기, 우주정거장 추가 건설 실습, '보밋 코밋' 타기, 원심기 타고 돌기, 궤도에서 인공위성을 회수하기 위한 로봇 팔 조작하기 등이 그것이다. 활달하고 의욕 넘치는 동료들과 함께 훈련을 받으니 더욱 즐거웠다. 장차 나와 함께 우주 비행을 하고, 우주에서 서로 돕고, 평생의 친구가 될 사람들과 함께 말이다. 그러니 누군들 즐거운 마음으로 훈련을 받으러 가지 않겠는가?

힘은 들지만 재미난 이 훈련에 아쉬운 점이 딱 하나 있다. 특히 발사일이 다가올 무렵, 받아야 할 훈련이 너무나 많고 멀리 다녀올 일도 많아서 긴 시간 가족과 떨어져 지내야 한다. 우주 비행사 훈련을 받는 것이 정말 재미있기는 했지만 내 평생 가장 힘든 일이었던 것은 분명하다.

22. 우주 비행사 훈련 가운데 최상과 최악의 순간을 꼽는다면?

우주복을 입고 처음으로 무중력 훈련장 안으로 뛰어내렸을 때가
최상의 순간이 아니었나 싶다. 지구 궤도의 자유낙하 상태에서 우
주복을 어떻게 활용하고 도구를 어떻게 사용할 것인지 훈련시키
기 위해 나사에서는 1996년까지 7.5미터 깊이의 물탱크를 이용했
다(이후의 중성부력 실험실 물탱크 깊이는 12미터—옮긴이).

수중에서 반짝이는 수면을 쳐다보고, 내쉰 공기 방울이 천천히 위
로 올라가는 모습을 바라본 기억이 난다. 들리는 소리라고는 내
헬멧 속에서 공기가 흐르는 소리와 우주복 밖에서 물이 꼬르륵거
리는 소리뿐이었다. 나는 실제로 우주에 와 있는 게 아니라는 사
실을 알고 있었지만, 그것이 진짜 우주유영 훈련이라는 것 역시
잘 알고 있었다.

최악의 순간도 같은 물탱크 안에서 겪었다. 우주유영 훈련이 너무
나 힘들었던 것이다. 수중에서 여섯 시간을 보내면 정신적으로나
신체적으로 기진맥진하기 일쑤였다. 물 밖으로 나와 우주복을 벗
으면 기분이 날아갈 듯했다. 우주 비행사 훈련은 항상 정신적으로
힘들고 육체적으로 고됐지만, 그래도 거의 언제나 재미있었다. 나
를 가르친 것은 놀랍도록 뛰어난 교관과 우주 비행사들이었다.

23. 나사의 유인 우주 비행 센터는 왜 휴스턴에 있나?

1961년에 나사에서는 새로운 유인 우주선 센터 부지를 미국 전역
에서 물색할 것이라고 발표했다. 새로운 부지는 다음 조건을 충족

우주정거장에서의 우주유영에 대비하는 훈련을 받기 위해 수중으로 뛰어들기 직전의
저자. 일본 쓰쿠바 우주 센터. (나사 제공)

해야 했다. 항구와 전천후 공항에서 가까울 것. 다른 나라와의 원
격 통신이 원활할 것. 시설에 쓰일 물이 충분할 것. 야외 활동을 할
수 있도록 날씨가 따뜻할 것. 유능한 노동력을 근처에서 구하기

쉬울 것. 매력적인 문화시설들과 인접할 것.

1961년 9월 나사에서는 유인 우주 센터를 텍사스주 휴스턴에 짓겠다고 발표했다. 이 센터는 1973년에 존슨 우주 센터로 이름이 바뀌었다. 라이스대학은 이 센터에 입주하기 위해 휴스턴 중심가에서 동남쪽으로 40킬로미터 거리에 있는 임야 400만 제곱미터(1,000에이커)를 기부했다. 텍사스 상원의원을 역임한 당시 부통령 린든 B. 존슨, 텍사스 하원의원 올린 티그, 기타 여러 의원들이 이 부지 선정에 영향을 끼친 게 분명하다. 8년 후 달 표면에서 닐 암스트롱이 지구에 발신한 첫마디가 '휴스턴'이었다.

24. 우주 비행사 후보들은 별명이 있는데, 그것은 어떻게 지어졌나?

우주 비행사 신입 후보 교육생들이 존슨 우주 센터에 훈련을 받으러 오면 전통적으로 우주 비행단 선배들이 별명을 지어 준다. 14기는 '피그스Pigs'(돼지)라고 불리다가 '호그스Hogs'(54킬로그램 남짓하는 도축용 돼지)로 바뀌었다. 1996년에 44명이 교육을 수료한 16기는 나사의 훈련 시설이 북적일 정도로 역대 가장 많은 인원이라서 '사딘스Sardines'(정어리 떼)라고 불렸다. 2009년 교육생들은 원래 별명이 '침프스Chimps'(침팬지)였지만, 선배 우주 비행사들은 그들을 '첨프스Chumps'(바보)라고 불렀다. 국제우주정거장에 갈 기회를 잡기까지 너무 오래 기다린 탓일 것이다.

25. 비상착륙에 대비해서는 어떤 생존 훈련을 받나?

발사 실패 또는 궤도에서 비상 하강을 한 경우, 구조대가 도착할 때까지 지상에서 24~48시간 생존할 수 있어야 한다. 그래서 우주 비행사들은 생존 장비를 이용해 어떤 환경—사막, 빙하 지대, 해양—에 착륙하더라도 재빠르게 대처할 수 있게끔 만반의 준비를 갖추고 있어야 한다.

우주 비행사들은 물이나 땅에 착륙한 후 귀환선에서 빠져나와 우주복을 벗고 반침수복, 해양 생존복 또는 방한복을 재빨리 입는 연습을 한다. 또 구명보트 사용법을 배우고, 구조 헬기의 줄에 매달려 올라가는 연습을 한다. 불 피우기, 구조 신호 보내기, 피난처 만들기, 응급 치료법, 야생에서 먹거리를 찾아 요리하는 방법 등 기본 생존 기술도 익힌다.

유럽우주국 우주 비행사 알렉산더 게르스트가 2013년 1월 러시아 스타 시티 근처에서 겨울 생존 훈련을 받을 당시, 소유스 우주선 모형에서 빠져나온 모습. (가가린 우주 비행사 훈련 센터 제공)

26. 우주왕복선 발사 연습은 어떻게 하나?

우리 승무원들은 지구 궤도로의 발사 연습을 하기 위해 두 종류의 우주왕복선 미션 시뮬레이터로 '비행'을 했다.

유압을 이용해 동작이 가능한 시뮬레이터는 발사 도중의 움직임과 똑같이 조종실이 흔들리고 기울어지기도 했다. 진동과 가속이 실제만큼 강렬하지는 않지만 가속이나 진동 시 어떤 변화가 일어나는지 체험할 수 있었다. 시뮬레이터 내부는 우주왕복선 선실을 똑같이 복제한 것이다. 모든 스위치와 디스플레이 장치가 실제 발사할 때와 똑같아서, 모든 유형의 심각한 발사 비상사태를 다루는 연습을 할 수 있었다.

이와 달리 바닥에 붙어 움직이지 않는 다른 시뮬레이터에는 중갑판 부분이 포함되어 있다. 그래서 이 시뮬레이터로는 궤도 진입부터 임무 수행까지의 온갖 작업을 미리 연습할 수 있었다.

발사 3주 전에는 발사 총연습을 하러 플로리다의 케네디 우주 센터로 날아갔다. 거기서는 실제 우주왕복선 선실에 안전띠를 매고 앉아 발사 카운트다운 실습을 했다. 엔진 가동을 제외한 모든 것을 실제로 해 본 것이다.

27. 미래의 먼 우주 여행을 위한 훈련은 지금과 어떻게 다를까?

달이나 소행성, 화성으로의 여행을 준비할 때도 현재의 훈련 기술 대부분이 똑같이 유효할 것이다. 그러나 실물 크기의 시뮬레이터 외에도 더 많은 컴퓨터 모의 훈련을 하게 될 것이다. 먼 우주 여행용으로 설계된 우주선은 두어 대의 현대식 디스플레이 장치로 수백 개의 스위치를 대신할 것이기 때문이다.

지구에서 멀리 여행하는 승무원은 지구 저궤도 우주 비행사보다 더 자족적이어야 할 것이다. 비상사태가 발생할 경우 관제 센터의 즉각적인 도움을 받을 수 없기 때문이다. 지구에서 멀리 떨어질수록 통신을 주고받는 데 더 오랜 시간이 걸린다. 예를 들어 화성에서 통신을 할 경우 질문을 하고 답을 듣기까지 40분은 족히 걸린다. 그런 장거리 여행을 하는 승무원은 지구에서 보낸 영상과 강의를 통해 보충 훈련을 받게 될 것이다. 국제우주정거장의 우주 비행사들은 미래의 우주 탐험을 대비해 많은 훈련 기법을 시험 중이다.

나사의 우주 비행사들이 오리온호 우주선 모형에서 컴퓨터와 제어반을 다뤄 보고 있다. (나사 제공)

저자를 비롯한 승무원이 탑승한 우주왕복선 컬럼비아호 이륙 장면. 18일 동안 STS-80 미션을 수행해 우주 최장 체류 기록을 경신했다. (나사 제공)

1. 우주로 이륙할 때 어떤 느낌이 드나?

국제우주정거장ISS으로 승무원을 실어 나르는 소유스 로켓은 구소련의 대륙간 탄도 미사일을 토대로 한 3단계 발사 장치로 이루어져 있다. 소유스호는 엔진 점화 후 이륙 추진력을 얻기까지 20초 이상 걸린다. 그동안 승무원은 갈수록 진동이 심해지는 것을 느낀다.

로켓이 일단 발사 지지대를 벗어나면 2분 동안 부드럽게 가속이 된다. 우주 비행사의 체중이 정상의 2배가 될 때까지, 곧 2g가 될 때까지 가속은 계속된다. 이륙 후 114초가 지나면 탈출용 로켓은 더 이상 필요가 없게 된다. 그래서 작은 로켓 모터가 가동되어 주 로켓에서 탈출용 로켓을 제거한다. 발사 3초 후 4개의 1단계 로켓이 소리를 내며 떨어져 나간다. 그리고 2단계 로켓이 계속 속도를 높여 더 높이 더 빠르게 우주로 날아간다. 이때 정상 중력의 4배, 곧 4g가 될 때까지 가속되어 승무원은 좌석 뒤쪽으로 몸이 압착된다.

이륙 후 2분 37초가 지나면 섬광과 굉음이 터져 나오면서, 그동안 대기 마찰로부터 우주선을 보호해 온 외피가 분리된다. 그때 순간적으로 자유낙하 상태가 되고, 승무원의 몸이 안전띠를 당기며 앞으로 쏠린다. 그러다 3단계 점화가 되면 몸이 다시 의자 뒤로 격하게 압착된다. 우주 비행사들은 3단계 점화 때의 기분을 이렇게 비유한다. 사고가 나서 튕겨져 날아가는 자동차를 타고 있는 기분이라고.

마지막으로, 이륙 후 8분 44초가 지나면 3단계 분사가 끝난다. 지구 궤도에 들어서서 자유낙하 상태가 되는 것이다. 4초 후 소유스호는 3단계 로켓에서 분리되고, 승무원들은 국제우주정거장으로 나아간다.

2. 왜 나사에서는 발사 전 1주일 동안 승무원들을 격리시키나?

발사 전 1주일 동안 격리되는 것은 가족이나 동료, 또는 일반 대
중에게서 쉽게 옮을 수 있는 감기 따위의 질병에 노출되는 것을
막기 위해서다. 비행 군의관들이 가려낸 필수 동료 일꾼들만 우
주 비행사와 접촉하는 것이 허용된다. 학교 주변에는 온갖 세균들
이 떠다니기 때문에, 발사 1주일 전부터 자녀와 입맞춤이나 포옹
을 할 수가 없다. 아니, 3미터 안으로 다가갈 수도 없다. 격리 기간
에도 배우자는 만날 수 있지만 그러기 전에 신체검사를 거쳐야 한
다. 이런 의료 격리는 효과가 있다. 질병으로 인해 발사가 늦춰진
일은 극히 드물다. 우주선 내부에는 바이러스나 박테리아가 거의
없기 때문에 일단 궤도에 도달한 우주 비행사는 거의 병에 걸리지
않는다.

3. 우주에서의 임무 스케줄에 맞추기 위해, 발사 전 수면 시간 조절은 어떻게 하나?

우리의 수면-기상 스케줄은 주요 임무 활동, 곧 이륙, 인공위성 발
사와 회수, 국제우주정거장과의 도킹, 착륙 등의 스케줄에 맞추어
미리 정해진다. 비행 군의관들은 임무 활동을 할 때 승무원들이
활기차게 깨어 있기를 바란다. 그래서 우리는 활동하기 대여섯 시
간 전에 일어난다.

우주 비행사들은 발사 전 격리 기간을 이용해 수면-기상 시간을
궤도에서의 스케줄에 맞춘다. 좀 더 빨리 적응하기 위해 나는 칠

흑같이 어두운 방에서 자면서 두뇌의 야간 시간대를 새로 설정하
곤 했다. 그 후 아주 환한 조명 아래서 일함으로써 우주 임무를 수
행할 시간대에 몸을 맞추었다. 낮에 시뮬레이터나 사무실로 이동
하기 위해 밖으로 나가야 할 경우엔 용접공의 까만 고글을 쓰고
운전하기도 했다. 뇌가 야간 시간대라고 생각하도록 말이다. 격리
기간에 내가 궤도에서의 새로운 임무 스케줄에 잘 적응할 수 있도
록 몸을 만드는 데는 5일쯤 걸렸다.

처음 두 번의 임무를 준비할 때 특히 이 조명 요법이 효과가 있었
다. 그때 나는 우주 레이더 실험실 가동을 위한 야간작업에 적응
하기 위해 수면 시간을 12시간쯤 앞당겨야 했다.

4. 발사 윈도launch window란 무엇인가? 국제우주정거장까지 우주선을 발
사할 때 발사 윈도는 왜 그렇게 짧은가?

발사 윈도란 발사 기회, 곧 발사 가능 시간대를 뜻한다(window에는
사건들의 틈, 사이interval, 그사이의 기회opportunity란 뜻이 있다—옮긴이).
달이나 국제우주정거장 같은 궤도 물체와 랑데부하기 위해서는
타이밍을 잘 맞추어야 한다.

그러자면 지구가 자전을 하다가 우주선 발사대가 우주정거장 궤
도 아래에 이를 때까지 기다려야 한다. 이러한 정렬이 지속되는
시간은 몇 초 또는 몇 분에 지나지 않는데, 우주선이 항로를 조종
해서 발사 지연 시간을 얼마나 따라잡을 수 있는가에 따라 정렬
지속 시간을 달리 잡는다. 바로 이 잠깐의 시간대를 발사 윈도라
고 한다. 날씨가 나쁘거나 우주선 추진 장치에 이상이라도 발생해
윈도 시간 이내에 발사가 되지 못하면, 다음번의 적절한 정렬 시

점까지 미션이 연기될 수밖에 없다.

내가 국제우주정거장행 우주왕복선 애틀랜티스호의 승무원이었을 때, 발사 윈도는 정확히 5분이었다. 이때 카운트다운 마지막 몇 초를 남긴 상태에서 순간적으로 이상이 발생해 발사가 2분 지연되었다. 우리는 속이 까맣게 타들어 갔지만 기어이 발사 신호를 받아 내고야 말았다. 우리가 윈도 시간 이내에 비상사태를 해결한 것이다!

5. 우주 비행사들은 발사 전에 무엇을 먹나?

먹는 것에 관해서는 아무런 제한이 없다. 그래서 기왕이면 각자 좋아하는 음식을 먹으려고 한다. 우주 음식은 맛이나 식감, 다양성 면에서 우리가 좋아하는 지구 음식에 전혀 미치지 못하기 때문이다. 나사의 영양사들은 1주일 격리 기간에 먹고 싶은 것이 무엇인지 우리에게 묻고, 우리는 피자, 버거, 라자냐, 텍스-멕스 따위를 요구한다.

이륙하기 며칠 전에 아침 식사로 무엇을 먹을 것인지 질문을 받았을 때, 나는 평소에 먹는 시리얼과 요구르트, 오렌지 주스, 커피 같은 건강식을 요구했다. 그러자 동료 우주 비행사인 케빈 칠턴이 딴지를 걸었다.

"톰, 건강식 따위는 집어치워. 지금은 허리띠를 풀 시간이야!"

그래서 나는 격리 기간에 매번 아침 식사로 초콜릿을 가미한 시리얼을 실컷 먹고 흐뭇해했다! 발사 당일 아침에는, 여섯 시간만 지나면 우주식을 먹어야 한다는 것을 알기 때문에 햄치즈오믈렛에 토스트, 감자튀김, 오렌지 주스를 실컷 먹었다. 나는 포만감을 느끼며 만족스럽게 지구를 떴다.

6. 카운트다운에 들어가면 걱정이 안 되나?

가장 걱정된 것은 우주왕복선 비행의 위험성이 아니라, 궤도에서 임무를 수행할 준비가 혹시 부족하지 않았는가 하는 점이었다. 우주왕복선의 비행 준비는 전문 기술자들이 알아서 잘 처리해 주었다. 나는 우리 로켓을 믿었다. 발사 직전 내가 느낀 것은, 많은 사람들 앞에서 연설을 하거나 중요한 시험을 치러야 할 때 누구나 느끼는 가벼운 불안감 정도였다. 동료 승무원들이나 미션 관제 센터의 동료들을 실망시키면 어쩌나 싶은 마음 때문이었다. 물론 나는 더 이상의 훈련은 없다는 것을 잘 알고 있었다. 이제는 훈련받은 대로 행동할 시간이었다.

하지만 궤도에 안착하면 비로소 안도감이 든다는 사실을 부인할 수는 없다. 발사 후 1시간이 지나, 우주왕복선 중갑판으로 둥둥 떠내려와 우주복을 벗은 케빈 칠턴이 내 어깨를 잡고 활짝 웃으며 외쳤다.

"이봐 톰, 우주에 도착했어. 우린 살았다고!"

7. 이륙 직전에 문제가 발생하면 어떻게 대처하나?

우주 비행사로 일하면서 가장 긴장되었던 순간 가운데 하나는 STS-68 미션을 맡아 인데버호에 승선했을 때였다. 이때 주 엔진 터보 펌프 가운데 하나가 이륙 몇 초 전에 과열되었다. 우주선 비행 제어 컴퓨터가 추진 장치 점화 1.9초 전에 문제를 감지하고 주 엔진을 껐다.

추진 장치가 점화되는 굉음 대신, 엔진 소음이 사라지고 그와 동시에 집중 경보가 울렸다. 동료 우주 비행사들과 나는 안전띠를 풀고 초조하게 철수 명령을 기다렸다. 주 엔진의 초기 작동으로 인한 발사대 흔들림이 몇 분 동안 지속되었다.

발사 관제사들은 주 엔진부의 화재나 폭발 여부를 재빨리 점검했다. 그들이 우주왕복선을 안전하게 복구하는 동안 우리는 꼼짝하지 않고 앉아 있었다. 발사 팀은 완벽하게 점검 절차를 마치고, 우주왕복선과 승무원 모두의 안전을 확인했다.

8. 우주로 비행하는 과정은 고통스럽나?

그 과정이 딱히 여유롭지는 않다. 그러나 우주 비행은 온갖 불편한 느낌을 압도할 만큼 너무나 유쾌하다. 예를 들어 소유스호는 약 9분 동안 궤도까지 비행할 때 중력가속도가 4g까지 상승한다. (지구 표면에서 우리가 경험하는 중력을 1g라고 한다. 모든 물체는 무게와 상관없이 중력에 의해 동일하게 가속이 된다. 예를 들어 고공에서 물건을 떨어뜨리면 떨어지는 속도가 계속 더 빨라진다. 1g는 곧 지구 표면에서의 중력가속도를 뜻한다. 로켓의 가속도가 지구 표면 중력가속도의 4배라면 4g로 표기하고, 이 경우 체중은 지구 표면에서 물구나무를 섰을 때보다 4배 더 무겁게 느껴진다.) 우주왕복선은 궤도에 진입하기 약 1분 전에 최고 가속도가 3g에 이르게 된다. 설계자들은 우주왕복선이 구조적 한계에 맞닥뜨리지 않도록 가속도를 3g에 맞추어 왕복선을 설계한다. 3g에서 내 몸은 무게가 227킬로그램이나 나가는 것처럼 느껴진다. 숨을 쉬기도 힘들고, 손을 들어 정확한 방향을 가리키기(예를 들어 스위치

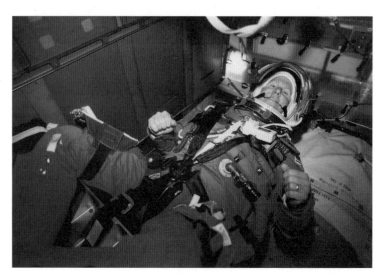

우주왕복선 인데버호를 타고 두 번째 우주 비행에 나선 저자가 안전띠를 맨 채 발사를 기다리고 있다. (나사 제공)

를 누르기)도 수월치 않다. 그래도 통증은 없다. 그저 꾸준히 강한 압력을 느끼는 정도다. 우리는 '오르막uphill' 비행을 할 때 "고릴라 가 또 내 가슴에 올라탔다!"라는 식의 농담을 하곤 했다.

아폴로호에 장착한 새턴 5호 달로켓은 1단계에서 가속도가 4g까 지 올라갔다. 머큐리호와 제미니호는 궤도로 향하는 2단계에서 약 7g의 가속도가 지속되었다. 우주비행사들은 이런 가속도에 대 비가 되어 있다. 몇 초만 지나면 엔진이 정지하고 자유낙하 상태 가 된다는 것을 되새기며 그저 꾹 참고 견디는 수밖에 없다.

9. 우주왕복선 발사 경험에 대해 이야기해 달라.

이륙 6초 전에 주 엔진이 점화되자, 전체 우주선이 지진에 휘말린

고층 건물처럼 흔들렸다. 카운트다운 제로에 고체 로켓 부스터가
점화되면서 우주선이 발사대를 박차고 이륙했다. 순간 나는 의자
뒤쪽으로 격렬하게 밀쳐졌다. 쌍둥이 부스터의 엄청난 분사 때문
에 우리는 약 320만 킬로그램의 추진력으로 대기를 찢어발기며
2.5g로 가속될 때까지 계속 흔들렸다.

이륙 2분 후 연료통이 빈 부스터가 굉음을 내며 떨어져 나가고, 분
리 모터의 가동으로 인한 순간적인 섬광이 조종석을 쓸고 지나갔
다. 3개의 주 엔진은 여전히 약 45만 킬로그램 이상의 추진력을
발휘하고 있었다. 하지만 이제는 거의 아무런 진동 없이 편안한
1g의 가속도로 전진했다.

이들 엔진에 연료를 공급하는 외장 탱크가 점점 가벼워지면서 차
츰 3g까지 가속되어, 궤도에 안착할 때까지 약 1분 동안 그 상태가
지속되었다. 지속적인 3g의 가속도는 여간 신경이 쓰이는 게 아
니었다. 건장한 남자 두 명이 내 가슴을 딛고 올라서서 버티고 있
는 느낌이랄까! 주 엔진이 멈추고 추진력이 0으로 떨어지자마자
신체에 가해지던 압력이 씻은 듯 사라졌다. 동시에 우리는 마침내
자유낙하 상태에 이르러 안전띠를 당기며 둥실 떠올랐다.

10. 지구 궤도에 도달하기까지 시간이 얼마나 걸리나?

어떤 로켓을 쓰느냐에 따라 5.6분에서 11.7분까지 걸린다. 소유스
로켓으로는 8분 45초 만에 궤도에 도달한다. 상업용인 팰컨 9호
부스터로 드래건 화물 캡슐을 궤도에 올리는 데는 9분 남짓 걸린
다. 내가 탔던 우주왕복선은 궤도까지 약 8분 30초 걸렸다. 아폴
로-새턴 5호 달로켓으로는 11.7분 걸렸다. 1960년대의 제미니호

우주 비행사들은 미 공군 대륙간 탄도미사일인 타이탄 2호 로켓을 타고 불과 5분 36초 만에 궤도에 도달했다.

이처럼 궤도 도달 시간이 다양한 것은 로켓 설계자들이 엔진 추진력과 로켓의 구조 강도, 우주선의 가속도 상한, 그리고 궤도까지의 안전한 항로 등을 고려하기 때문이다. 예를 들어 가속도 수준을 낮게 잡는다는 것은 대기의 항력에서 벗어나 궤도 속도에 도달하기까지 시간이 더 많이 걸린다는 뜻이다.

11. 우주에 도달해서 명실상부한 우주 비행사가 된 시점을 어떻게 알 수 있나?

우주 비행사는 우주선 승무원이 되기 위해 전문적인 훈련을 받은 우주여행자다. 그런데 시대가 변하면서 '우주space'라는 말도 정의가 달라졌다. 1960년대 초에 미 공군에서는 80킬로미터 상공 이상을 비행한 X-15 로켓 비행기 조종사에게 우주인 배지를 달아주었다. 오늘날 국제 항공 연맹에서는 지상 100킬로미터를 우주의 경계로 설정하고 있다. 이제 지구 궤도까지 비행하는 나사의 우주 비행사는 바로 그 경계를 넘어야 우주인 배지를 받게 된다.

내 경우 첫 번째 발사 때는 80킬로미터 상공까지만 올라갔다. 당시 우리의 사령관이었던 공군 대령 시드 구티에레스가 80킬로미터 상공에서 기내 통신으로 이렇게 외친 것이 기억난다.

"축하하네, 톰! 자네는 이제 우주 비행사야!"

우리가 지구로 돌아왔을 때 시드는 정식으로 내게 우주 비행사 옷깃 금핀을 선물했고, 나는 그렇게 또 하나의 꿈을 이루었다.

12. 궤도로 가는 도중 귀가 먹먹해지나?

대다수 우주선의 선실은 이륙 전에 밀봉이 된다. 그래서 내부 압력은 지상에서와 똑같이 유지된다. 생명 유지 장치는 궤도로 가는 동안 계속 그런 내부 압력(지구 해수면 압력)을 유지한다. 선실 내부 압력의 변화가 없기 때문에 귀가 먹먹해질 일은 없다.

비행을 할 때 귀가 먹먹한 것은 고도가 증가할수록 비행기 외부 압력이 감소하기 때문이다. 그때 비행기 내부 압력도 감소한다. 그건 선실 구조에 가해지는 부하를 줄이고, 객실 여압 장치를 가동하는 데 필요한 엔진 출력을 줄이기 위한 것이다. 이 장치는 제곱인치당 약 5킬로그램 수준까지 선실 압력을 감소시켜, 순항 고도까지 동일한 압력이 유지된다. 이것은 해발고도 2,438미터의 압력과 동일하다. 높이 상승할 때 귀가 먹먹한 것은 고막의 안쪽 공기 압력이 바깥쪽보다 높아지기 때문인데, 이 기압을 맞추기 위해 공기가 유스타키오관을 거쳐 목구멍으로 빠져나간다.

13. 발사대는 이륙으로 인해 망가지나?

케네디 우주 센터의 우주왕복선 발사대는 이륙할 때 뿜어져 나오는 320만 킬로그램의 로켓 추진력을 너끈히 견딜 수 있다. 다만 발사대 바닥의 칠이 벗겨지고, 그을리고, 추진 장치 분사로 인해 일부 철판에 금이 간다. 때로 플레임 트렌치(로켓 발사 시 뜨거운 분출 가스나 폭발로부터 로켓을 보호해 주는 장치)에서 내화벽돌이 떨어져 나가서 주변 울타리까지 수백 미터를 날아간 적도 있다.

발사대를 냉각시키고 심한 소음을 줄이기 위해, 인근의 급수탑과 연결된 수도관을 통해 분당 340만 리터의 물이 발사대에 쏟아진다. 또한 강력한 점화 폭발력을 흡수하기 위해 두 개의 부스터 노즐 아래에 '물 매트'라고 불리는 빨간 플라스틱이 달려 있다. 발사 후의 발사대를 살펴본 나는 크기가 줄어든 빨간 플라스틱이 발사대에서 500야드 떨어진 사슬 울타리에 박혀 있는 것을 보기도 했다. 먼 우주 여행용인 강력한 새 우주발사장치(로켓)의 이동 발사대를 보호하기 위한 설비도 이와 비슷할 것이다.

14. 우주로 가는 데 왜 로켓이 필요한가?

로켓은 추진력이 아주 강력해서 우주에 도달하는 데 필요한 높은 속도를 낼 수 있기 때문이다. 우주선이 지구 궤도에 안착하기 위해서는 시속 약 2만 8,175킬로미터의 속도로 날아야 한다. 이것은 소총 탄환보다 8배나 빠른 속도다! 우주선이 달이나 소행성, 또는 다른 행성에 가기 위해 지구의 인력을 뿌리치려면 시속 4만 555킬로미터 이상의 속도로 날아야 한다.

우주에서는 제트 엔진을 사용할 수 없다. 연료를 태우려면 주위에 산소가 있어야 하는데, 지구 대기 위의 우주는 거의 진공상태라 산소가 없기 때문이다. 제트 엔진과 달리 로켓 엔진에는 연료와 산소가 함께 실려 있어서, 산소가 없는 궤도에서도 지구 인력을 박차고 나아가는 데 필요한 엄청난 추진력을 낼 수 있다. 그래서 우주와 태양계를 탐사하기 위한 우주선을 날려 보내는 데는 로켓이 이상적이다.

15. 오늘날 사람들을 우주로 보내는 데 어떤 로켓을 사용하나?

여러 국가에서 우주선을 발사해 지구 궤도에 올리거나 태양계 탐사를 하지만, 거기 승선하는 사람은 극소수다. 러시아는 자국이나 미국의 우주 비행사를 소유스 로켓에 실어 국제우주정거장으로 보낸다. 중국은 롱 마치Long March, 장정(長征) 2F 로켓으로 자국 우주 비행사를 쏘아 올린다. 나사에서는 민간 회사와 계약해서 애틀러스 5호와 팰컨 9호 로켓을 이용해 자국이나 협력국 우주 비행사를 국제우주정거장으로 올려 보낸다.

나사에서는 우주 비행사들을 먼 우주로 보내기 위해 우주발사장치Space Launch System, SLS라는 이름의 로켓을 만들고 있다. SLS는 먼 우주 탐사용 유인 캡슐인 오리온호를 발사하는 데 쓰이게 된다. 준궤도 우주 여행사들은 스페이스십 2호SpaceShip Two나 링크스Lynx, 뉴 셰퍼드New Shepard와 같은 로켓 동력의 우주 비행기 또는 캡슐로 여행객들을 우주로 올려 보낼 것이다.

16. 우주로 가는 다른 방법도 있나?

우주선 설계자들 가운데는 스크램제트scramjet라고 부르는 초음파 크루즈 램제트 엔진을 이용해서, 날개 달린 비행선을 근궤도 속도까지 가속시키고자 한다. 스크램제트는 대기 중의 산소로 연료를 태우기 때문에 커다란 산소 탱크가 필요 없어서 보통의 로켓보다 가볍다. 궤도 속도에 근접하게 되면, 궤도에 도달하는 데 필요한 추진력을 얻기 위해 마지막으로 작은 로켓이 점화된다. 영국의 한 민간 우주 회사에서는 스카이론Skylon이라는 우주 비행기용으로 스크램제트를 이용하고 싶어 한다.

궤도에 도달하는 방안 가운데 좀 더 이색적인 다른 제안들도 있다. 예를 들어 우주선을 경사진 긴 선로에 올려놓고 강력한 전자

석을 이용해 고속으로 가속시킨다. 경사진 선로를 박차고 나간 우
주선이 관성으로 상승하다가 작은 로켓을 점화시켜 궤도에 도달
하는 데 필요한 속도를 얻는 방식이다. 또 다른 방안으로 커다란
풍선을 이용해 로켓을 고공으로 올린다는 게 있다. 일단 고공에
이르면 로켓이 자유낙하 상태에서 엔진을 점화시켜 궤도에 진입
한다. 이런 방안이 작은 위성을 띄워 올리는 데는 쓸모가 있을지
모른다. 우주 비행사를 실어 나를 로켓은 너무 무거워서 풍선으로
띄워 올릴 수 없을 것이다.

17. 궤도에 계속 머물기 위해서는 우주선 엔진을 가동해야 하나?

우주선이 일단 궤도에 들어서면 더 이상 엔진을 이용할 필요가 없
다. 우주선은 그냥 관성으로 움직인다. 지구 둘레의 타원 궤도를
계속 관성으로 도는 것이다. 지상으로 끌어당기는 힘이 작용하지
않는 한 그렇다. 그런 힘 가운데 하나가 공기저항atmospheric drag, 곧
항력이다. 공기가 아주 희박한 초고층 대기(대류권의 위)에 미미하
게 존재하는 산소나 질소 원자와 우주선이 부딪치면서 발생하는
것이 항력이다. 항력으로 인해 우주선은 아주 조금씩 에너지를 잃
고 고도가 떨어진다. 방치하면 결국 초고층 대기로 떨어져 원치
않는 대기권 재진입을 하게 된다. 이런 항력을 극복하기 위해 국
제우주정거장에서는 몇 달에 한 번씩 추진기를 가동해 속도와 고
도를 회복한다.

18. 발사 도중 뭔가 잘못되면 어떡하나?

오늘날의 유인 우주선은 발사 비상사태에도 우주 비행사가 무사

케이프 커내버럴 발사대에서 이륙해 발사 중단 장치를 점검 중인 크루 드래건호. (스페이스엑스사 제공)

히 지상으로 귀환할 수 있는 탈출 장치를 갖추고 있다. 예를 들어 러시아의 소유스호는 꼭대기에 탈출 로켓이 있어서, 로켓이 제어가 안 되거나 추진력을 잃거나 파열될 경우, 상승 도중에도 자동으로 탈출 로켓이 작동된다.

1983년 9월 발사대 화재가 발생했을 때, 소유스호 발사 관제사들은 탈출 장치를 작동시킬 수 없었다. 불길이 번져 통신 케이블이 타 버렸기 때문이다. 우주선 내부에서 승무원이 누를 수 있는 비행 중단 스위치도 작동하지 않았다. 불길이 로켓을 집어삼켰을 무렵 비로소 관제사들이 무선으로 탈출 장치를 작동시킬 수 있었다. 결국 구소련 우주 비행사들은 귀환선을 가동시켜 낙하산을 펴고 근처에 안전하게 착륙했다.

크루 드래건과 CST-100 스타라이너 같은 우주 택시에는 액체 연료를 쓰는 일명 '밀대pusher' 로켓이 앞이나 밑에 장착되어 있다. 이것은 고장 난 로켓을 밀어내서 제거하기 위한 로켓이다. 오리온호 우주선은 고체 연료를 쓰는 발사 중단 모터가 앞부분에 장착되어 있다. 이것을 가동시키면 고장 난 SLS 로켓에서 탈출할 수 있다. 이후 낙하산을 펼쳐 캡슐을 안전하게 착륙시키면 된다.

19. 발사할 때 우주복을 입고 있는 이유는?

우주복은 선실에 구멍이 나거나 결함이 생겨서 갑자기 기압이 떨어질 경우 승무원을 보호한다. 선실 기압이 갑자기 떨어졌을 때 우주복을 입고 있지 않으면 몇 초 만에 의식을 잃게 된다. 결함을 수리하거나 안전하게 지구로 귀환하려면 우주복이 꼭 필요하다.

우주왕복선을 발사할 때 내가 입었던 주황색의 승무원 탈출복은 낙하산을 펴고 비상 착륙을 했을 때 극도로 추운 대기나 차가운 바닷물, 강풍 따위로부터 승무원을 보호하기 위한 것이다. 우주복 착용 장비에 포함되는 것으로 구명보트, 산소통, 수상 생존 장비, 그리고 지구로 귀환한 우주 비행사의 위치를 좀 더 쉽게 포착하기 위한 자동 식별 표지 등이 있다.

20. 우주왕복선 우주복이 주황색인 이유는 무엇인가?

주황색은 세계 공통으로 쓰이는 안전 관련 표시 색이다. 파랑, 초록, 또는 회색 바다에서는 주황색이 특히 눈에 잘 띄어서 바다에 떠 있는 우주 비행사를 찾아 구조하는 데 도움이 된다. 더욱 눈에 잘 띄도록 우주복 헬멧에 하얀 반사 테이프를 붙인다. 어깨 바로 아래 팔뚝에는 형광 스틱을 달아서 야간 투시 고글을 쓴 헬리콥터 조종사의 눈에 잘 띄도록 한다. 바다 근처나 물 위에 착륙할 미래의 우주 비행사 역시 구조가 쉽도록 주황색 우주복을 입게 될 것이다.

21. 나사의 우주선 가운데 궤도로 가는 도중 심각한 사고가 난 경우가 있나?

1970년 4월 11일 아폴로 13호 발사용의 새턴 5호 로켓이 2단계 추진에 들어갔을 때, 엔진 중 하나가 심한 진동 때문에 정지하고 말았다. 하지만 2단계와 3단계의 다른 엔진으로 아폴로 13호를 무사히 제 궤도에 올려 달을 향해 나아갈 수 있었다.

1985년 7월, STS-51F 미션을 맡은 우주왕복선 챌린저호의 우주 비행사들이 이륙한 후 약 6분이 지났을 때, 중앙의 주 엔진이 다중

센서 고장으로 멈추고 말았다. 휴스턴의 비행 관제사들이 신속히 대응한 덕분에 센서로 인한 다른 엔진 고장은 막을 수 있었다. 챌린저호는 계획한 것보다 낮은 궤도에 안착했지만, 그래도 임무는 성공적으로 마칠 수 있었다.

그리고 6개월이 지난 1986년 1월 STS-51L 미션 당시, 이 챌린저호는 결함이 있는 고체 연료 로켓 모터 때문에 불의의 참사를 당하고 말았다. 로켓 모터가 외장 연료 탱크와의 연결이 끊긴 채 탱크와 본체를 들이받은 것이다. 우주선 본체의 파괴로, 선실이 케이프 커내버럴의 해수면에 떨어지며 승무원이 모두 사망했다.

2003년 1월 우주왕복선 컬럼비아호가 발사되었을 때, 왼쪽 날개가 외장 탱크 단열재 파편에 부딪혀 손상되었다. 같은 해 2월에 지구로 귀환하기 위해 대기권 재진입을 할 때, 손상된 왼쪽 날개의 열 차폐막을 통해 뜨거운 플라스마가 내부로 스며들어 날개 틀을 망가뜨렸다. 컬럼비아호는 시속 약 1만 9,400킬로미터로 날면서 텍사스 상공에서 폭발해 승무원 전원이 사망했다.

22. 우주왕복선에는 발사 탈출 장치가 있었나?

물론 있었지만 아주 열악했다. 1986년의 챌린저호 사고 후 설치된 것으로, 승무원들이 측면 해치를 열고 낙하산을 맨 채 우주선에서 뛰어내리도록 하는 게 전부였다. 그나마도 뛰어내릴 수 있으려면 왕복선이 고체 연료 로켓과 연료 탱크를 버리고 안정적인 활강 상태에 있어야 했다. 하지만 심각한 발사 사고 때는 그처럼 안정된 상태일 가능성이 희박하다.

챌린저호와 컬럼비아호 우주왕복선 사고 이후 설계자들은 선실에 탈출용 캡슐을 추가하려고 했다. 하지만 나사에서는 그것이 너무 비싸다고 결론지었다. 그래서 그 대신 우주왕복선 발사와 대기권 재진입의 신뢰성을 높이는 쪽을 선택했다. 하지만 그것으로는 컬럼비아호 승무원을 구할 수 없었다. 2011년에 컬럼비아호를 은퇴시키기로 결정을 내린 중요한 이유가 바로 좋은 탈출 장치의 결여였다.

23. 준궤도 비행과 궤도 비행의 차이는 무엇인가?

시속 2만 8,175킬로미터까지 속도를 끌어올리지 못한 로켓은 지구 궤도에 완전히 들어서기 전에 땅으로 떨어지게 된다. 이것을 준궤도 비행이라고 한다. 로켓은 떨어져도 우주선은 여전히 공중에 남아 있을 수 있어서, 승선한 사람들은 대기권으로 재진입하기 전 몇 분 동안 우주의 검은 하늘을 보고, 무게감이 없는 자유낙하 상태를 체험할 수 있다. 우주 비행사 앨런 셰퍼드와 거스 그리솜은 준궤도 미션을 받고 1961년에 미국 최초 및 두 번째로 우주 비행을 했다.

시속 2만 8,175킬로미터의 속도로 정확한 고도에 우주선이 도달하면, 엔진을 꺼도 지구 둘레의 일정한 궤도를 유지하며 지표와 거의 평행한 상태로 여행할 수 있다. 이것을 궤도 비행이라고 한다. 공기저항(항력)이 우주선을 끌어내릴 때까지, 또는 작은 제동 로켓을 가동해 대기권으로 재진입할 때까지 궤도 비행은 계속된다.

24. 발사할 때면 항상 처음처럼 흥분되나?

최초의 우주여행만 한 것은 어디에도 없다. 미지에 대한 기대감으

로도 흥분되지만, 처음으로 우주선 발사를 체험한다는 것만으로
도 몸과 마음 모두 흥분된다. 최초 이후 세 차례 미션을 수행하러
갈 때도 여전히 발사를 온몸으로 느끼며 전율했다. 두 번째부터는
조금 여유가 생겨, 가속도와 자유낙하에 따른 나 자신의 반응과
우주선의 세세한 움직임에 더 관심을 기울일 수 있었다.

세 번째부터는 발사를 할 때 감탄이 절로 나오는 일이 살짝 줄어
들긴 했지만, 전율이 이는 것은 처음 못지않았다. 로켓 꼭대기에
앉아 신체가 가속되는 과정을 직접 겪는 것은 여간 경이로운 일이
아니었다. 소총 탄환보다 8배나 빠른 속도로 가속되어 거의 원에
가까운 지구 궤도에 정확히 진입하니 말이다.

25. 발사 직전에 무슨 생각을 했나?

나는 여섯 번 발사 카운트다운을 경험했는데, 이륙하기 세 시간
전쯤 좌석에 앉아 안전띠를 둘렀다. 발사 관제사가 우리를 우주로
날려 보낼 준비를 하는 동안 동료 우주 비행사는 카운트다운을 점
검했다. 발사 직전에 우리는 점검 목록을 가지고 우주선 상태를
면밀히 살폈다.

하지만 점검은 곧 끝나고 한참 시간이 남은 상태에서 우리는 그저
귀를 기울이는 것 말고는 거의 할 일이 없었다. 나는 궤도에서 할
일과 우리의 임무에 대해 생각했다. 우리는 농담을 하거나 지난
발사 이야기를 주고받으며 분위기를 가볍게 이끌었다. 나는 종종
기도를 했다. 임무의 성공과 안전을 빌고, 행복하고 안락한 가족
의 미래를 기원하고, 우주에 도착해서는 일을 잘할 수 있게 도와
달라고 기도한 것이다.

26. 우주 비행에 대한 첫인상은 어땠나?

난생처음 우주선 발사와 지구 궤도 비행을 경험한다는 것이 여간 흥분되지 않았다. 엄청난 진동과 발사 가속도를 경험한 후, 자유 낙하의 기묘하고 유쾌한 느낌이 밀려들었다. 인데버호의 중갑판에서 나는 미친 듯이 일했고, 우리의 우주선은 지구 관측 실험실이 되었다.

한 시간 남짓 작업을 한 후에야 비로소 우주선의 측면 해치 창문을 통해 바깥을 내다볼 여유가 생겼다. 이때 아름다운 일출을 지켜볼 수 있었다. 아침 햇살이 사랑스러운 지구를 위에서 아래로 씻어 내리는 것을 보며 경탄하지 않을 수 없었다. 그 영롱한 빛깔이라니! 궤도에 도달한 후 특히 놀란 것은 동료 승무원들이 너무나 친밀하게 여겨졌다는 점이다. 나까지 여섯 명의 동료 모두가 궤도에 이를 때까지 서로를 도왔고, 이후에도 매일 최선을 다해 서로를 도왔다. 우리는 우주에서 지내는 기쁨을 함께 나누었다.

27. 임무를 마치고 돌아온 후 격리되었나?

나는 격리되지 않았다. 최초의 아폴로 승무원 세 명은 달에 착륙하고 돌아온 후 3주 동안 격리되었다. 과학자들은 그때 지구를 감염시킬 달 세균이 묻어왔을지 모른다고 염려했다. 그러나 세균은 발견되지 않았다. 그래서 마지막 아폴로호의 승무원 3명은 귀환 직후 바로 귀가했고, 그 후 지금까지 지구 궤도에서 귀환한 우주 비행사 역시 그렇게 하고 있다.

이론적으로 내한성 미생물이 생존할 수 있는 화성 표면에서 귀환하게 될 최초의 승무원들은 일정 기간 격리될 것이다. 화성에

서 지구로 귀환하는 데 걸리는 몇 달의 기간도 사실상 격리 상태
지만, 화성 표면 샘플을 분석해서 해로운 유기물이 없다고 밝혀질
때까지 격리는 계속될 것이다.

28. 우주에 도달한 최초의 우주 비행사는 누구인가?

구소련의 러시아인 유리 가가린이 1961년 4월 12일 최초로 우주
에 도달해서 지구 궤도를 돌았다. 미국인으로서 우주에 도달한 최
초의 사람은 앨런 셰퍼드로, 1961년 5월 5일 15분 동안 준궤도 비
행을 했다. 미국의 거스 그리섬 또한 1961년 7월 21일 고도 167킬
로미터 이상의 준궤도를 잠깐 비행했다. 1961년 8월 6일에는 구
소련 우주 비행사 게르만 티토프가 24시간 이상 지구 궤도를 돌았
다. 이듬해 2월 20일에는 미국 우주 비행사 존 글렌이 지구 궤도
를 세 바퀴 돌았다.

29. 지금까지 궤도에 올라간 사람은 몇 명이나 되나?

2015년 현재 542명이 지구 궤도를 비행했다. 미국은 여러 나라의
우주 비행사 344명을 우주로 보냈다. 달 주위를 돈 사람은 24명이
고, 달 표면을 걸었던 사람은 12명이다. 그 이후의 우주 여행자 숫
자는 우주 비행사 통계 웹사이트(www.worldspaceflight.com/bios/stats.
php)에서 확인할 수 있다.

30. 우주발사장치SLS 로켓이 이륙하기 위해서는 어느 정도의 동력이
필요한가?

나사의 SLS는 자유의여신상보다 더 높다. SLS는 먼 우주 항해용

인 오리온호나 무거운 화물 우주선을 궤도로 띄워 올리게 될 것이다. SLS는 250만 킬로그램의 물체를 하늘로 이륙시킬 수 있는 380만 킬로그램의 추진력을 낼 수 있다. 이는 달까지 간 아폴로-새턴 5호 달로켓보다 강한 추진력이다. 또한 35 보잉 747 점보제트기보다도 강한 추진력으로, 쾌속함 코르벳의 엔진 16만 대, 또는 기차 엔진 1만 3,400대의 동력과 맞먹는다.

SLS는 70톤 이상을 궤도에 올릴 수 있을 것이다. 이 로켓의 발사 추진력은 아폴로-새턴 5호 달로켓의 340만 킬로그램보다 10% 더 강하고, 우주왕복선의 320만 킬로그램보다 20% 더 강하다.

31. 우주 여행자들은 준궤도 비행 때 어떤 경험을 하나?

우주 여행자들은 내가 겪은 것과 거의 같은 진동, 소음, 그리고 가속도를 경험하게 될 것이다. 스페이스십 2호 또는 링크스 우주 비행기와 뉴 셰퍼드 로켓에 승선할 여행객은 우주 가장자리까지 짧은 비행을 하며 약 4g의 가속도를 경험하게 된다. 그러나 100킬로미터 상공까지 포탄에 올라탄 듯한 짧은 비행을 하며 즐길 수 있는 자유낙하의 시간은 10분 정도에 불과할 것이다.

승객들은 한낮의 검은 하늘과 지구의 둥그런 지평선, 투명한 대기를 잠깐 일별하고, 발아래 아찔한 파스텔 톤의 지구 풍경을 굽어보게 될 것이다. 그리고 좁은 선실 공간에서 잠깐이나마 둥실둥실 떠 있을 것이다. 그 후 너무나 빨리, 부랴부랴 안전띠를 매고 지구로 귀환하기 위해 다시 대기권으로 재진입하게 될 것이다.

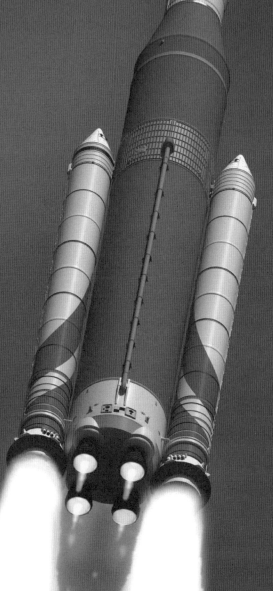

나사의 우주발사장치 로켓 이륙 상상도. 먼 우주까지 무거운 짐을 나르기 위한 로켓이다. (나사 제공)

1. 로켓은 공기도 없이 어떻게 작동하나?

아이작 뉴턴은 우리 우주에서 물체의 움직임을 지배하는 수학 법칙을 발견했다. 뉴턴의 제3법칙에 따르면, 모든 움직임에는 그와 동일한 힘의 반발이 따른다. 다시 말하면 작용에는 반작용이 따른다. 그래서 대포가 포탄을 쏘면, 포탄과 반대 방향으로 대포가 밀리게 된다.

로켓도 그런 식으로 작용한다. 엔진 노즐을 통해 뜨거운 분사 가스를 아래로 뿜어내는 힘이 로켓의 '작용 action'에 해당한다. 그와 반대 방향인 하늘 위로 로켓을 밀어내는 힘이 곧 '반작용 reaction'이다. 로켓은 나아갈 힘을 얻기 위해 굳이 무엇을 밀어낼 필요가 없다. 그저 한 방향으로 뜨거운 가스를 고속으로 분사하기만 하면 반대 방향으로 나아갈 힘을 얻는다. 그래서 로켓은 진공에서도 작용할 수 있다.

정원의 물뿌리개 호스를 생각해 보면 쉽게 이해할 수 있을 것이다. 호스로 물줄기를 내뿜으면 호스 노즐이 그 반대 방향으로 밀리는 것을 느낄 수 있다. 또 다른 예로 빵빵하게 부푼 풍선을 들 수 있다. 풍선 주둥이를 쥐고 있다가 놓으면, 바람이 빠지는 것과 반대 방향으로 풍선이 날아간다.

2. 우주에서 엔진이 불을 내뿜을 때의 모습과 느낌이 어떤가?

로켓이 이륙할 때 내뿜는 환한 불꽃과 격렬한 분사를 자주 지켜보았지만, 진공 상태의 우주에서 그런 극적인 모습을 보기는 어렵다. 궤도에서 우주왕복선을 타고 있을 때는 작은 로켓 추진기를 작동하는 것 외에 다른 어떤 것도 분사하지 않았다. 작은 추진기도 대개 아주 잠깐 분사할 뿐이었다. 우주선의 고도와 자세를 조정하거나, 특정 방향으로 우주선을 살짝 돌리기 위해 잠깐 분사를 한다. 우주왕복선에는 그런 로켓 추진기가 44기가 있었다. 큰 것 38기는 각각 추진력이 395킬로그램, 작은 것 6기는 추진력이 11킬로그램에 불과했다.

낮에는 로켓 분사 불꽃이 거의 보이지 않았다. 밤에는 추진기 노즐에서 분사되는 가스가 이글거리는 모습이 순간적으로 보이곤 했다. 후방의 큰 추진기가 작동할 때는 우주선 본체가 살짝 퉁 하고 울렸다. 반면에 선실 바로 앞에 있는 전방 추진기가 불을 내뿜을 때는 좀 더 크게 쿵 하고 울렸다.

내가 궤도에서 본 최고의 로켓 쇼는 STS-98 미션 때, 우주왕복선 애틀랜티스호가 야간에 대기권 재진입을 시작한 직후였다. 전방 추진기에 과다하게 실린 무거운 연료를 태우기 위해(무게를 줄여서 안전하게 착륙하기 위해), 추진력 395킬로그램의 엔진을 거의 1분 동안 점화시켰다. 그러자 세 줄기의 찬란한 황백색 배기가스가 우리의 창문 3미터 위로 분사되었다. 그 광경은 너무나 경이로웠다!

3. 국제우주정거장ISS이 궤도에 머물러 있으려면 로켓 엔진이 필요한가?

ISS는 거의 대부분 평균 400킬로미터 고도에서 엔진을 끈 채 관성의 힘으로 지구 둘레를 돈다. 그러나 ISS의 커다란 태양전지판과 모듈들이 끊임없이 작은 공기 입자와 충돌하면서 속도가 느려지고 꾸준히 조금씩 고도가 낮아진다. 그래서 종종 엔진을 가동하지 않으면 고도가 더욱 떨어져서 지구 대기권으로 재진입해 불타 버

우주왕복선을 가동하기 위해 쌍둥이 엔진이 작동한 모습. (나사 제공)

리고 만다. 우주에서 1년 동안 ISS가 고도를 유지하는 데 4톤의 로켓 연료가 소모된다.

4. 국제우주정거장은 필요한 물품을 어떻게 공급받나?

ISS 승무원들은 물과 식량, 필요 부품, 새로운 과학 실험 재료 따위를 무인 화물선으로 공급받는다. 나사에서는 오비탈/ATK와 스페이스엑스 두 회사와 계약을 맺고, 해마다 여섯 번쯤 무인 화물선을 ISS로 보내고 있다.

스페이스엑스사의 드래건 화물선은 많은 양의 폐기물과 과학 샘플을 지구로 싣고 올 수 있다. 드래건호는 강력한 단열재를 사용해서 귀환 도중 불타지 않고, 낙하산을 펼치고 캘리포니아 근해에 착륙한다. 다른 화물선들은 화물을 싣지 않고 쓰레기만 담고 지구 대기권에 진입시켜 마찰열로 소각 폐기한다.

5. 국제우주정거장의 고도는 얼마인가?

ISS의 해발고도는 400킬로미터 정도다. 이 고도는 지구 대기의 항력 때문에 조금씩 낮아진다. 그러나 주기적으로 로켓 추진기가 작동해서 고도를 높이므로 고도는 늘 조금씩 변한다.

6. 국제우주정거장은 크기가 얼마나 되나?

미식축구장 골라인 뒤쪽의 엔드 존까지 포함한 것과 같은 크기다. 너비가 109미터이고, 태양전지판 길이만도 73미터에 이른다. 이는 보잉 777 200/300 모델의 양 날개 길이인 67미터보다 더 길다. ISS의 무게는 약 42만 킬로그램으로, 자동차 320대보다 무겁다. ISS는 러시아의 우주정거장 미르보다 4배쯤 크고, 1970년대 미국 스카이랩 우주정거장보다 5배쯤 크다. ISS 내부에는 침실 여섯 개의 생활공간이 있다.

7. 하늘에 국제우주정거장이 떠 있는 것을 맨눈으로 볼 수 있나?

그렇다. ISS는 하늘에서 보이는 가장 반가운 것 가운데 하나다. 찬란한 별처럼 보이는데, 그 안에 여섯 명이 살고 있다. 약 400킬로미터 상공에 있지만 지구 표면에서 망원경이나 쌍안경 없이 맨눈으로 볼 수 있다. 널따란 태양전지판과 반짝이는 알루미늄 몸체에 햇빛이 반사해서 맨눈에도 잘 보인다.

우주정거장은 해돋이 직전이나 해넘이 직후에 볼 수 있다. 아래 지상이 여명이거나 어두운 반면, 궤도 우주선은 햇빛을 받고 있어

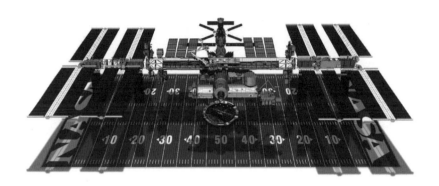

국제우주정거장은 미식축구장 크기와 맞먹는다. (나사 제공)

야 비로소 보이는 것이다. ISS는 찬란하게 빛나며 천천히 움직이는 별처럼 보인다. 그것을 못 알아볼 수는 없다. 하지만 혹시 규칙적으로 깜빡이는 별이 보인다면 그것은 비행기다! 나사의 웹사이트(spotthestation.nasa.gov)에 들르면 ISS를 언제 어디서 볼 수 있는지 미리 알 수 있다.

8. 국제우주정거장은 언제 만들었나?

ISS는 1998년부터 2011년까지 하나씩 부품을 조립해서 만들었다. 처음 만들기 시작한 것은 1998년 12월이었다. 이때 STS-88 우주왕복선 승무원들이 미국의 유나이티 모듈을 궤도로 가져가서, 기존에 있던 러시아의 FGB 화물 모듈에 붙였다. 또 우주왕복선 승무원들은 나사의 마지막 중요 모듈인 항구적 다목적 모듈, 곧 레오나르도를 2011년 ISS에 추가했다.

ISS 승무원들은 일정 기압이 유지되는 15기의 모듈에서 거주하고 작업을 한다. 그중 미국이 만든 모듈은 모두 7기다. 데스티

2011년에 막 완성된 국제우주정거장. (나사 제공)

니Destiny, 유나이티Unity, 퀘스트Quest, 트랭퀼리티Tranquility, 하모니 Harmony, 큐폴라Cupola, 레오나르도Leonardo가 그것이다. 러시아는 다음 5기의 모듈을 발사했다. 자리야Zarya(새벽), 스베스다Zvezda(별), 피르스Pirs(부두), 포이스크Poisk(탐사), 라스베트Rassvet(여명). 일본은 2기, 곧 키보Kibo(희망) 실험실과 이 실험실의 논리 모듈을 추가했다. 유럽우주국은 과학 실험실인 콜럼버스Columbus 모듈을 만들었다.

이 우주정거장 외부에 설치할 새로운 실험실 장비가 계속 화물선으로 운반되고 있다. 러시아에서는 다목적 실험실 모듈과 태양광 발전 모듈을 추가할 계획이다.

9. 국제우주정거장을 조립하기 위해 몇 차례의 미션을 수행했나?

ISS는 우주 비행사가 거주하고 실험을 하는 모듈을 포함해 40종

의 중요 부분으로 이루어져 있다. 이와 더불어 로봇 팔, 태양전지
판, 이 전지판을 지탱할 다리 모양의 트러스 등을 궤도로 띄워 올
리기 위해 미국에서는 37회의 우주왕복선 미션을 수행했고 러시
아에서는 3회의 발사를 했다.

그 밖에도 1998년부터 2014년까지 연구 장비와 승무원, 화물 등을
운반하기 위해 주로 러시아에서 모두 113회의 발사를 했다. 이러
한 추가 발사는 연간 10~12회 이루어졌다. ISS로의 발사에 대한
더 많은 자료는 나사의 국제우주정거장 상세 정보 웹사이트(www.
nasa.gov/mission_pages/station/main/onthestation)에서 찾아볼 수
있다.

10. 현재의 국제우주정거장은 기대 수명이 몇 년인가?

나사에서는 최소한 2024년까지 운용하고 싶어 한다. 엔지니어들
이 우주정거장의 마모와 손상을 계속 점검하고 있는데, 아주 우아
하게 나이를 먹고 있는 것으로 보인다.

2020년대 중반 무렵 일부 구역에서 금속 피로로 인해 작은 금이
갈 가능성이 있고, 탑재한 장치가 고장을 일으키기 시작할 수 있
다. 예를 들어 액체 누출, 부식, 태양전지판 기능 저하, 모터 마모
등의 현상이 나타날 수 있다.

나사와 여러 파트너 국가에서는 우주정거장의 어느 부분을 살려
쓸지 결정해서, 새로운 정거장 건설에 해당 부분을 재사용할 것이
다. 더 이상 쓸 수 없거나 안전하지 않은 부분은 바다로 유도해서
빠뜨리거나 안전한 폐기 궤도로 쏘아 보내 소각할 것이다.

11. 나사에서는 우주 비행사들을 국제우주정거장으로 어떻게 올려 보내나?

주요 파트너인 러시아에서 소유스호 좌석을 나사에 판다. 나사에서는 해마다 6개 정도의 좌석을 산다. 이것을 미국 우주 비행사와 일본, 캐나다, 유럽우주국 등의 파트너 비행사들이 사용한다. 우주 왕복선이 마지막 주요 부품 몇몇을 ISS로 전달한 2010년 이후, 러시아에서는 승무원 정기 수송책을 마련했다. 2018년쯤 미국의 우주 택시가 ISS로 운행을 시작할 때까지 나사에서는 계속 이 좌석을 사게 될 것이다.

12. 나사는 우주 비행사를 얼마나 더 러시아의 소유스호에 태워 보낼 건가?

미국 우주 택시 회사인 스페이스엑스사와 보잉사가 우주선 크루 드래건과 CST-100 스타라이너의 시험비행에 성공하기만 하면 바로 ISS까지 정기 비행을 시작할 것이다. 그래도 나사에서는 여전히 우주 비행사들을 소유스호에 태워 보낼 것이다. ISS의 미국 승무원 가운데 적어도 한 명은 소유스호를 비상시 구명선으로 사용하길 바라기 때문이다.

그러면 미국 우주 택시 서비스가 일시적으로 중단될 경우에도 나사의 우주 비행사가 러시아의 파트너들과 함께 우주정거장에 머물면서 소유스호를 비상 운송 수단으로 쓸 수 있다. 같은 이유로 러시아의 우주 비행사들도 크루 드래건과 CTS-100 스타라이너를 이용해서 우주정거장을 오갈 것이다.

러시아의 소유스 우주선. 우주 비행사들은 중앙의 귀환선에 탄다. (나사 제공)

13. 현재 사람을 우주로 보낼 수 있는 나라는 몇이나 되나?

자국 로켓과 유인 우주선을 운용하고 있는 나라는 현재 러시아와 중국뿐이다. 미국의 우주왕복선은 2011년에 이미 은퇴한 상태다. 대신 민간 상업용 우주선으로 나사의 우주 비행사들을 우주정거장으로 올려 보낼 계획이다. 미국 우주 비행사들은 2018년부터 케이프 커내버럴에서 비행을 재개할 계획이다.

14. 국제우주정거장이 최초의 우주정거장인가?

ISS 이전에도 우주정거장이 여럿 있었다. 1971년에 구소련이 최초의 우주정거장 살류트Salyut(축포) 1호를 띄워 올렸다. 그 후 미국에서 스카이랩 우주정거장을 발사했다. 스카이랩에는 1973년부

터 1974년까지 3명의 우주 비행사가 방문해 잠시 머물렀다. 구소
련에서는 1974년부터 1977년까지 살류트 3, 4, 5호를 운용했다.
이어 1977년부터 1991년까지 오랫동안 살류트 6, 7호가 우주에
머물렀다.

1986년부터 2001년까지는 러시아의 미르 우주정거장에 정기적
으로 우주 비행사가 머물렀고, 러시아 우주 비행사들은 궤도에서
머문 시간을 계속 갱신했다. 미르 덕분에 러시아와 미국은 국제우
주정거장을 설계하고 건설하는 데 어떻게 협조할 것인가를 미리
학습할 수 있었다.

15. 우주 비행사들은 우주정거장에서 얼마나 오래 머물렀나?

우주 비행사 빌 셰퍼드, 유리 기젠코, 세르게이 크리칼레프가 국제
우주정거장에 최초로 도킹해서 머물기 시작한 것은 2000년 11월
2일이었다. 그 후 각국 우주 비행사들이 꾸준히 들러 머물렀다. 이
처럼 ISS에 머무는 것을 엑스퍼디션expedition(원정)이라 한다. 인간
이 궤도에서 머문 각종 기록은 나사의 국제우주정거장 웹사이트
(nasa.gov/mission_pages/station/main/index.html)에 자세히 나와 있다.

16. 우주왕복선이 다른 행성이나 달까지 가지 못한 이유는 무엇인가?

우주왕복선은 커다란 비행선으로 무게가 100톤이 넘었다. 달이나
다른 행성에 이르기 위해서는 먼저 궤도에서 초속 11킬로미터까
지 가속해서 지구 중력을 뿌리쳐야 한다. 우주왕복선은 그만한 속
도를 낼 수 있는 연료를 실을 수 없었다.

우주왕복선은 지구 궤도를 벗어나도록 설계되지 않았다. 다만 낮

은 지구 궤도에 도달해서 임무를 수행하도록 설계되었다. 저궤도에서 위성을 발사하거나 회수하고, 우주정거장을 조립하고, 기존 위성을 수리하고, 탐사선을 다른 행성들로 발사하고, 과학 플랫폼으로 기능할 수 있을 만큼의 한정된 연료만 사용할 수 있었다. 활주로에 착륙할 수 있는 바퀴와 날개가 있어서 여러 차례 재사용할 수 있었던 우주왕복선은 기존 우주선 가운데 가장 다용도로 사용할 수 있는 우주선이었다.

17. 우주왕복선은 왜 2011년에 은퇴했나?

우주왕복선으로서는 감당할 수 없는 먼 우주 탐사라는 새로운 목표 때문이다. 우주왕복선 컬럼비아호를 2003년에 폐기한 후, 조지 W. 부시 대통령은 국제우주정거장이 완성되는 2010년 무렵 궤도 우주왕복선을 모두 은퇴시키라고 지시했다. 당시 계획으로는, 2012년 무렵 새로운 우주선 오리온호를 이용해 우주 비행사들을 ISS로 보내고, 2019년에 달까지 보낼 예정이었다. 당시 나사의 먼 우주 탐사 목표는 먼저 달 기지를 만들고, 이어서 화성 기지를 만든다는 것이었다.

오바마 정부는 우주왕복선 은퇴에 동의했지만, 달에 가는 것은 건너뛰고, 가까운 소행성으로 우주 비행사들을 보내기로 했다. 2030년대에 화성에 가기 위한 훈련 장소로 삼으려는 것이었다. 마지막 우주왕복선이 2011년에 은퇴했지만, 먼 우주 탐사선 오리온호와 새로운 로켓인 우주발사장치SLS 등의 제작이 예산 부족으로 뒤로 미뤄졌다. 우주 비행사들이 오리온호에 탑승하는 것은 2020년대 초나 되어야 가능할 것이다.

케네디 우주 센터 전시관에서 우주왕복선 애틀랜티스호 앞에 선 저자. (피터 W. 크로스 제공)

18. 은퇴한 우주왕복선은 어디에 전시되어 있나?

우주왕복선 디스커버리호는 현재 버지니아주 덜레스 국제공항 근처의 미 국립 항공 우주 박물관 우드바-헤이지 센터에 전시 중이다. 인데버호는 로스앤젤레스의 캘리포니아 과학 센터에 전시되어 있다. 애틀랜티스호는 플로리다주 케네디 우주 센터 전시관에 가면 볼 수 있다. 대기권에서 시험비행만 했던 원조 우주왕복선 엔터프라이즈호는 뉴욕시의 인트레피드 해상 항공 우주 박물관에 전시되어 있다.

19. 우주왕복선들 가운데 어느 것이 가장 마음에 드나?

내가 타 본 모든 우주왕복선이 다 마음에 들었다. 처음 탄 것은 인

데버호였는데, 언제 봐도 애틋하다. 컬럼비아호는 1981년에 처음
으로 투입되었는데, 역사적인 이 우주선을 타고 최초로 비행한 것
은 정말 가슴 뿌듯한 일이었다. 애틀랜티스호를 타고 우주정거장
으로 갔을 때는 잊지 못할 우주유영을 세 차례 했다. 플로리다에
가서 애틀랜티스호를, 캘리포니아에 가서 인데버호를 보면 항상
가슴이 뭉클해진다. 이들 우주선은 오랜 친구처럼 느껴진다. 컬럼
비아호에 대한 추억은 특히 각별한데, 2003년 공중 분해되기까지
169명에 달하는 많은 영웅과 친구들이 이를 타고 날았다.

20. 우주에서는 얼마나 빠르게 비행했나?

내가 우주에서 가장 빠르게 비행한 속도는 시속 2만 8,475킬로미
터였다. 마지막 미션으로 국제우주정거장에 갔을 때는 시속 2만
7,475킬로미터였다. 마하 25! 음속보다 25배나 빠른 속도였다. 그
런 속도로 처음 비행한 후 나는 나사의 특별 휘장을 받았다.

그만한 속도로 ISS가 지구 궤도를 한 바퀴 도는 데는 92.7분이 걸
린다. 우주정거장 승무원이 광활한 태평양을 횡단하는 데는 28분
남짓 걸린다. 일출을 보고 45분 뒤 일몰을 본다!

참고로 역대 가장 빠른 제트기는 록히드 SR-71 블랙버드 정찰기
인데, 순항 속도는 마하 3이었다.

21. 우주 비행사와 우주선이 가장 빨리 비행했을 때의 속도는 얼마인가?

인간이 달성한 최고 속도는 1969년 5월 아폴로 10호 우주 비행사
들이 달에서 돌아오면서 지구 대기권에 재진입하기 직전 기록했
는데, 그때 시속이 4만 161킬로미터였다.

저자가 세 번째 우주왕복선 미션, STS-80을 마친 후 컬럼비아호 앞에서 동료와 찍은 사진. (나사 제공)

나사의 우주왕복선에 탑승한 우주 비행사들은 음속 25배의 속도로 비행한 후 이런 '마하 25' 휘장을 받는다. (나사 제공)

지구를 벗어나기 위해 인간이 만든 가장 빠른 기계는 뉴 호라이즌스 New Horizons 우주선으로, 2015년 명왕성 근처를 비행했다. 2016년 지구를 떠날 때 시속이 5만 9,000킬로미터에 이르렀다.

우주선이 도달한 최고 속도는 1974년과 1976년에 발사한 헬리오스Helios 1호와 헬리오스 2호 태양 탐사선이 기록했다. 태양계 가장 안쪽의 행성인 수성보다 더 태양 가까이 다가간 두 탐사선은 태양 중력으로 가속되어 시속 25만 킬로미터 이상을 기록했다.

22. 나사에서는 어떤 로켓을 새로 만들고 있나?

국제우주정거장으로 우주 비행사들을 올려 보내기 위해 민간 회사들과 계약해서 크루 드래건과 CST-100 스타라이너 같은 '우주 택시'를 만들고 있다. 우주 택시는 역시 민간 회사에서 만들어 운용할 팰컨 9호와 애틀러스 5호 등의 로켓을 달고 우주로 발사될 것이다. 이들 택시는 2020년대까지 나사를 대신해 미국 우주 비행사들을 지구 저궤도까지 올려 보낼 예정이다.

나사에서는 우주 비행사를 먼 우주로 보내기 위해 우주발사장치 로켓을 만들어 시험 중이다. 이것은 한 쌍의 커다란 고체 연료 추진기가 양쪽에 달린 2단계 로켓이다. 이 로켓은 3명의 우주 비행사를 달 주위나 너머로 보낼 수 있고, 70톤의 화물을 지구 저궤도로 올려 보낼 수 있다. 2018년에는 오리온호를 승무원 없이 달 주위까지 보낼 예정이다.

23. 우주발사장치를 새턴 5호 달로켓과 비교한다면?

첫 SLS 로켓은 높이 98미터로 제작될 것이다. 달까지 아폴로 우주 비행사들을 실어 날랐던 새턴 5호 달로켓은 높이가 110미터였다. 무거운 화물을 운반할 2세대 SLS 로켓은 새턴 5호보다 더 커져서 높이가 117미터에 이를 예정이다. 참고로 우주왕복선을 세운 높이가 56미터이고, 자유의여신상을 지면부터 측정한 높이가 93미터다.

24. 우주발사장치가 우주왕복선보다 추진력이 더 강한가?

그렇다. 첫 SLS 로켓은 이륙 시 추진력이 380만 킬로그램에 이를 텐데, 이에 비해 새턴 5호 달로켓은 340만 킬로그램, 우주왕복선은 318만 킬로그램이었다. SLS는 지구 저궤도까지 70톤을 올려 보낼 수 있다. 우주왕복선의 화물 탑재량은 24톤 남짓이었다. 오

새턴 5호 달로켓(왼쪽)과 SLS 비교. (알렉스 코너 브라운 제공)

리온호 우주선이나 먼 우주로 화물을 보낼 다른 로켓도 SLS가 지
구 궤도로 띄워 올리게 될 것이다. 2세대의 화물용 SLS는 추진력
이 417만 킬로그램으로 130톤을 궤도에 올려 보낼 수 있다.

25. 어떤 미래 우주정거장들을 계획 중인가?

중국은 2020년 이전에 자체 우주정거장 티엔궁Tiangong, 천궁(天宮) 2호
를 궤도에 올릴 계획이다. 3명의 우주 비행사가 20일 정도 머물게

비걸로 알파 우주정거장 상상도. (비걸로 에어로스페이스사 제공)

될 것이다. 중국은 또 2020년대에 그보다 더 큰 티엔궁 3호를 발사해 10년 정도 비행할 예정이다.

러시아 우주국은 2020년대에 새로운 우주정거장을 궤도에 올리겠다고 2015년에 발표했다. 이 정거장에는 기존의 ISS 모듈들 가운데 비교적 새로운 것을 재사용하게 된다.

미국의 비걸로 에어로스페이스사는 알파Alpha라는 상업용 우주정거장을 운용할 계획이다. 이 정거장에는 팽창 가능한, 지름 6.7미터의 생활 모듈들이 포함될 것이다. 여기에 관광객이 머무는데, 산업용이나 상업용으로 고객에게 대여해 주기도 할 것이다.

26. 계획 중인 민간 우주선으로는 어떤 것들이 있고, 얼마나 멀리 비행할 예정인가?

개발 중인 민간의 준궤도 우주선으로는 엑스코사의 링크스, 버진 갤럭틱사의 스페이스십 2호, 블루 오리진사의 뉴 셰퍼드가 있다. 모두 우주 비행기 아니면 캡슐인데, 15~30분에 불과한 짧은 비행으로 우주 가장자리인 고도 100킬로미터에 도달할 수 있도록 설계되었다.

또 ISS까지의 운송을 위해 미국의 두 항공 우주사가 상업용 우주 캡슐을 만들고 있다. 스페이스엑스사의 크루 드래건과 보잉사의 CST-100 스타라이너가 그것인데, ISS까지 승무원을 실어 나르고 도킹한 상태로 6개월 정도 머물다가 귀환할 수 있도록 설계되었다. 두 우주선 모두 ISS에 도킹하고 있는 동안 구명선으로 이용할 수도 있다. 스페이스엑스사의 설명에 따르면, 크루 드래건은 화성에 착륙할 수 있도록 업그레이드할 수 있다. 그러기 위해서는 더 나은 열 차폐막과 더 큰 낙하산, 강력한 착륙 로켓이 필요할 것이다.

27. 먼 우주로 인간을 데려가기 위해 어떤 우주선을 계획 중인가?

나사의 다목적 유인 우주선인 오리온호가 바로 그것이다. 2020년대에 지구 저궤도 너머 먼 우주까지 미국 우주 비행사들을 싣고 가게 될 것이다. 오리온호는 달 주위를 돌고, 달 궤도에 붙잡힌 소행성을 탐사하고, 달 너머 4만 8,280킬로미터쯤 떨어진 중력 균형점, 곧 L2 라그랑주 점Lagrange point(우주 공간에서 두 천체의 중력이 상쇄되어 중력이 0인 지점 — 옮긴이)까지 탐사하는 미션을 수행하게 될 것이다. 달 너머 L2의 중력 균형점에서는 우주선이 아주 적은 연

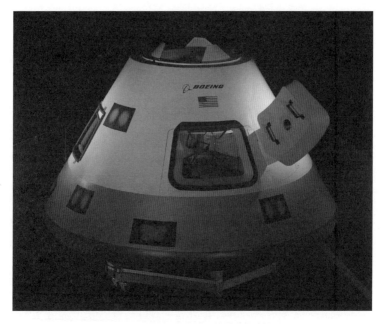

보잉사의 상업용 우주 택시 CST-100 스타라이너 모형. (나사 제공)

료만으로 계속 머물 수 있다.

오리온호가 먼 우주 여행을 위한 추가 생활공간, 여분의 엔진과 연료 탱크만 더 갖추면 지구에서 수백만 킬로미터 떨어진 곳에 있는 근지구 소행성들에 도달할 수 있다. 오리온호는 우주 비행사들을 화성으로 데려갈 미래 우주선의 일부로도 쓰일 것이다.

28. 달과 소행성, 또는 화성을 탐사하려면 다른 어떤 우주선이 필요한가?

달에서 38만 9,000킬로미터 떨어진 근지구 소행성, 또는 최소 5,700만 킬로미터 떨어진 화성에 도달하기 위해서는 오리온호에 여러 가지 모듈을 추가할 필요가 있다.

근지구 소행성에 이르기 위해서는 자유롭게 움직일 수 있는 여유 공간과 생활용품, 생명 유지 장치 등을 갖춘 주거 모듈이 필요하다. 먼 우주 미션을 수행하려면 추가 연료 탱크와 엔진을 비롯한 여분의 추진 장치도 필요할 것이다. 또 다시 달 표면에 착륙하거나 화성 표면에 내려앉기를 바란다면 로켓 동력 착륙 장치도 필요하다. 화성 표면에 착륙할 준비를 마치려면 2040년쯤은 되어야 할 것으로 엔지니어들은 예상하고 있다.

29. 다른 국가에서는 어떤 미래 우주선을 계획 중인가?

러시아와 중국에서는 2020년대 후반까지 달 착륙 우주선을 만들 계획이다. 하지만 구체적인 일정은 잡히지 않았다. 러시아에서는 2020년대에 소유스 우주선을 대신할 새로운 유인 우주선인 신세

붉은 행성(화성)을 향해 지구 궤도를 떠나려고 하는 핵 동력 유인 화성 탐사선 상상도.
(나사/존 프레세니토 & 어소시에이츠 제공)

대 유인 수송선을 만들 계획이다. 이 우주선은 미래에 러시아의 달 착륙 미션을 지휘할 사령선으로 쓰일 것이다. 중국에서는 2020년 대 후반에 우주 비행사들이 달에 착륙할 계획이라고 발표했다. 이 미션은 선저우호가 맡을 예정인데, 아직 달 착륙 장치는 제작되지 않았다.

인도에서도 사람을 우주로 보낼 계획이다. 2014년 12월에 이미 작은 유인 캡슐인 오비털 비히클Orbital Vehicle호의 무인 시험판을 쏘 아 올렸다.

30. 달과 소행성, 그리고 화성에 착륙하는 방법은 알고 있나?

미국의 아폴로 계획에 따라 1969년과 1972년 사이에 12명의 우 주 비행사가 성공적으로 달 표면에 착륙한 바 있어서, 달에 착륙 하는 방법은 잘 알고 있다.

근지구 소행성들은 정기적으로 우리 지구에서 몇백만 킬로미터 떨어진 곳까지 다가온다. 그런 소행성들에 도달하는 데는 달 주위 를 도는 것보다 연료가 적게 든다. 지구에서 가장 가까운 소행성 들은 지름이 1.6킬로미터도 되지 않는다. 따라서 중력이 매우 약 하기 때문에 별도의 착륙 우주선이 필요 없이 우주선을 소행성 옆 에 댈 수 있다.

화성은 훨씬 더 어려울 것이다. 화성에 도달하는 데는 6~9개월이 걸린다. 낙하산을 펴고 착륙하기에는 대기가 너무 희박하다. 중력 이 지구의 3분의 1밖에 되지 않지만 그만한 중력이라도 마지막 착 륙 순간에 로켓이 필요하다. 무거운 우주선과 우주 비행사들이 안 전하게 화성 표면에 내려앉으려면 어떤 착륙 장치를 갖춰야 할지

상업용 우주 택시인 크루 드래건. (나사 제공)

엔지니어들은 아직 알지 못한다.

31. 관광객들이 우주정거장에 방문할 수 있나?

물론이다. 하지만 돈이 많이 든다. 1회 여행에 5,000만 달러(600억 원) 이상이 든다. 러시아에서는 소유스 우주선 좌석 여러 장을 일반인에게 팔아서, 민간 우주여행자들이 이미 국제우주정거장에 방문한 적이 있다. 덕분에 우주 계획 자금을 일부 조달하는 데 도움이 되었다. 2001년 ISS에 방문한 최초의 관광객은 미국 기업인 데니스 티토였다. 미국의 상업용 우주 택시가 플로리다주 케이프 커내버럴에서 발사되기 시작하면 일반인의 우주여행이 한결 수월해질 것이다.

32. 우주로 휴가를 떠날 수 있을까?

미국의 보잉사나 스페이스엑스사는 자체 개발한 새 우주 택시를 타고 미래의 우주정거장으로 얼마든지 여행을 떠날 수 있다고 장담했지만, 비용은 아직 정해지지 않았다.

우주 택시가 ISS까지 가지는 않겠지만, 지구를 떠나 비걸로 알파 같은 민간 우주정거장에 가서 1주일 이상 휴가를 즐길 수 있을 것이다. 일반인 우주여행이 처음에는 아주 비싸겠지만, 많은 회사가 경쟁적으로 여행객과 화물을 실어 나르기 시작하면 비용도 내려가서, 시간이 갈수록 여행이 쉬워질 것이다.

일본 우주 비행사 소이치 노구치가 국제우주정거장의 미국 데스티니 실험실 모듈 밖에서 작업을 하고 있다. (나사 제공)

1. 우주에 있을 때 어느 쪽이 위인지 알 수 있나?

자유낙하 상태의 무중력 공간에서 지낼 때는 어느 쪽을 '위'로 할 것인지 스스로 선택해야 한다. 지구가 창밖의 어디에 보이든 상관 없이 자기 마음대로 선택할 수 있다. 대다수 우주 비행사들은 자기 머리 쪽을 '위'로 정한다. 그러다 보니 때로는 우주 비행사의 수만큼 많은 '위'가 있을 수 있다.

처음 두 차례에 걸쳐 우주왕복선 인데버호를 탔을 때, 우리 우주선은 지구를 관측하기 위해 항상 지구 쪽으로 뒤집어진 상태로 비행했다. 선실 천장과 머리 위 창문이 지구를 향하고 있었고, 우리의 머리 역시 그랬다. 과학적 관찰을 하기에는 지구를 발아래가 아닌 머리 아래에(?) 두고 뒤집어진 채 비행하는 게 더 좋았다. 우리는 승용차의 개폐식 지붕 같은 조종실의 창문 근처에 둥실 떠서 아름다운 지구가 우리 머리 아래에 떠 있는 것에 전혀 아랑곳하지 않았다. 애틀랜티스호가 ISS에 도킹해 있던 네 번째 미션 때는 지구가 우리에게 익숙한 위치, 즉 우주정거장 갑판 아래에 있었다. 지구가 머리 위에 있든 아래에 있든 상관없이 우리는 행복했다.

2. 자유낙하란 무엇인가?

자유낙하와 무중력이 같은 상태를 나타내긴 하지만, 자유낙하가 좀 더 적확한 용어다. 자유낙하는 물체에 작용하는 힘이 중력뿐일 때 일어나는 특별한 유형의 운동을 가리킨다. 그러니까 마찰, 공기저항, 압력, 또는 밀거나 당기는 어떤 다른 힘도 작용하지 않는 상태다.

뉴턴의 운동 법칙과 중력 법칙에 따르면, 자유낙하를 할 때 모든 물체는 질량(지상에서 우리가 '무게'라고 말하는 것)과 무관하게 동일한 가속도로 낙하한다. 지구 궤도를 도는 우주선의 상황이 바로 그러하다. (이 상황에서 지구의 중력은 우주선의 속도를 증가시키는 것이 아니라 방향을 계속 바꾸는 데 작용하므로 우주선은 등속원운동을 하게 된다—옮긴이) 우주선과 탑승자, 선내의 모든 물체는 사실상 지구 둘레를 돌며 떨어지고 있는 것이다. (그러나 떨어지지 않는 것처럼 보이는 것은 자유낙하한, 즉 중력만 작용해서 이동한 거리만큼 지표면 역시 우주선으로부터 멀어지기 때문이다—옮긴이)

그것은 마치 초고층 건물의 수직 통로를 따라 낙하하는 엘리베이터 안에 타고 있는 것과 같다. 엘리베이터 내부의 모든 사람과 모든 물건은 동일한 가속도를 지니고 있어서 마치 떠 있는 것처럼 보인다. 줄 끊어진 엘리베이터는 통로 바닥에 충돌하겠지만, 다행히도 궤도에서 자유낙하하는 우주 비행사들에게는 충돌할 바닥이 없다.

3. 자유낙하 상태에서 우주 비행사들의 몸이 둥둥 떠오르는 이유는 무엇인가?

무중력이라는 용어는 우리 신체를 건드리는 것이 일체 없고, 밀거나 당기는 것도 없을 때의 상태를 나타낼 때 사용한다. 자유낙하 상태에서도 항상 무중력, 곧 무게가 없음을 느끼게 된다. 우주선이 지구 궤도를 돌 때, 우주 비행사는 계속 자유낙하 상태에 놓이게 된다. 말 그대로 지구 둘레를 돌며 낙하하고 있는 것이다.

놀이공원에 가서 드롭 라이드를 탄다고 치자. 아주 높은 탑에서 떨어질 때면, 사람과 좌석이 지구 중력에 따라 동일한 가속도로 낙하하게 된다. 좌석도 사람과 같은 속도로 떨어지기 때문에, 좌석은 사람의 엉덩이를 받쳐 주지 않고 신체에 다른 어떤 힘도 가하지 않는다. 중력이 좌석과 탑승자 모두를 끌어당기고 있지만, 탑승자는 아무런 무게감 없이 그냥 좌석 위에 떠 있는 느낌이 드는 것이다.

4. 자유낙하할 때의 느낌은?

자유낙하 상태의 느낌은 정말 놀랍다. 궤도에서 엔진을 끄면, 신체에 가해지던 모든 가속 압력이 즉각 사라진다. 그러면 신체에 부력이 느껴진다. 좌석에 묵직하게 내리눌리는 느낌 대신, 안전띠가 부드럽게 당겨지며 떠오르는 것을 곧바로 느끼게 된다. 지상에서 경험할 수 있는, 자유낙하와 가장 가까운 상태는 따뜻한 수영장 물에 누워 떠 있는 것이다. 물 이외에는 신체를 건드리는 것이 하나도 없이 말이다. 그러면 힘들이지 않고도 몸을 떠받치는 부력을 느낄 수 있다. 그렇게 야외 수영장이나 바다에 떠 있을 때면 나는 항상 하늘을 쳐다보며, 지구의 푸른 바다를 굽어보고 있다고 생각했다. 여러분도 해 보라!

5. 자유낙하를 할 때 멀미를 느끼는 이유는 무엇인가?

생리학자들 견해에 따르면, 궤도 자유낙하 상태에서는 평형감각을 담당하는 작은 기관인 내이內耳의 이석耳石에서 뇌로 보내는 이상 신호가 시각 정보와 상충하게 된다. 시각은 어느 쪽이 위이고 아래인가에 관한 정보를 뇌에 전달하는데, 귀와 눈의 정보가 서로 어긋나는 것이다. 혼동을 느낀 뇌는 구토 반응을 일으키게 된다.

자유낙하 상태에서 우주 비행사의 약 3분의 1은 말짱한데, 3분의 1은 속이 불편하고, 3분의 1은 구토감을 느낀다. 비행 군의관들은 이런 상태를 '우주 적응 증후군space adaptation syndrome'이라고 부르는데, 이것을 쉽게 '우주 멀미'라고 부른다. 다행히 효과가 뛰어난 약물이 있어 멀미를 신속히 치료할 수 있다.

나는 첫 번째 미션 때, 발사 직후 구토를 할 것만 같았지만 주사 한 방으로 치료되어 금세 식욕을 회복했다. 다음 발사 전에는 이륙 1시간 전에 발사대에서 대기하는 동안 미리 주사를 맞았고, '우주 멀미'를 전혀 느끼지 않았다.

6. 우주 환경에 적응하는 데 시간이 얼마나 걸리나?

대부분의 우주 비행사들은 2, 3일만 지나면 자유낙하 상황에 익숙해진다. 자유낙하 시 떠다니는 것은 우리 신체의 겉모습만이 아니다. 내부도 마찬가지다!

체액, 곧 혈액과 임파액이 중력에 끌려 다리나 신체의 낮은 부위로 내려갈 일이 없다. 오히려 체액이 머리로 이동하면서 얼굴이 부어 보이며 낯이 뜨거워지고, 부비동이 충혈되고, 은근한 두통을 느끼기도 한다. 또한 상체에 과도한 체액이 흐르는 것으로 간주한 신체 기관이 체액을 배출하려고 하는 탓에 자주 화장실에 들락거리게 된다. 그러나 일단 신체의 체액이 안정적으로 균형을 이루면 더 이상 부유감에 신경을 쓰지 않고 우주에서 일상생활과 작업을 할 수 있다. 나는 우주에서 이틀만 머물면 자유낙하 상태라는 것조차 잊고 지냈다.

7. 자유낙하 상태가 신체에 어떤 영향을 미치나?

자유낙하 상태에서 2, 3일에 걸쳐 어느 정도 체액이 배출된 후에는, 지구에서보다 1리터쯤 혈액이 적은 상태에서도 신체가 아주 양호해진다. 이런 새로운 평형 상태에서는 두 다리가 더 날씬해 보인다. 우주 비행사들은 이것을 '닭다리 증후군chicken legs syndrome'이라고 부른다. 부비동은 1주일 정도 충혈된 상태가 지속되는데, 그 때문인지 약간의 두통을 느끼게 된다. 지구에서와 달리 체중 압박이 없어서, 척추가 3센티미터쯤 펴지므로 허리 근육이 당겨지면서 허리가 좀 뻣뻣하고 가끔 통증이 오기도 한다.

골격에 얹힌 체중이 사라진 탓에 뼈에서 칼슘이 빠져나가기 시작한다. 그 양은 한 달에 뼈 질량의 1퍼센트 꼴이다. 심장과 폐도 활동이 느려지지만, 규칙적인 운동으로 부작용을 예방할 수 있다. 마지막으로, 감염에 대한 면역 체계의 공격력이 떨어진다. 연구자들은 화성 탐사에 나설 우주 비행사들의 건강을 유지할 방법을 알아내기 위해, 우주정거장에 여러 달 머무르는 승무원들을 연구하고 있다. 화성에 다녀오려면 1년 이상 자유낙하 상태에 있어야 하기 때문이다.

8. 자유낙하 상태에서 움직이거나 멈추려면 어떻게 하나?

몸이 떠 있는 상태로 우주선 내부에서 이동을 하는 것은 전혀 어렵지 않다. 한 손가락이나 간단한 손목 동작만으로 모듈을 가로질러 능숙하게 이동할 수 있다. 힘을 얼마나 줄 것인가는 생각할 필요도 없다. 그건 평소 지구에서 실내를 걷는 것처럼 본능적으로 이루어진다.

ISS의 데스티니 실험실 복도를 미끄러져 가는 저자. 사방 벽에 레일이 달려 있다. (나사 제공)

그보다 조금 더 신경이 쓰이는 것은, 컴퓨터 앞에 앉거나 실험을 할 때, 또는 취사실에서 식사할 때 어떻게 편안한 자세를 취할 것인가이다. 두 가지 요령이 있는데, 하나는 천장이나 바닥의 레일 아래 발을 찔러 넣는 것이다. 또 하나는 벽에 고정된 직물 고리에 발가락을 집어넣는 것이다. 러닝머신을 이용할 때는 어깨와 허리에 맨 멜빵을 고탄력 띠가 발판 쪽으로 잡아당겨 주어서 달리기를 할 수 있다.

9. 지구에서 자유낙하와 비슷한 상태를 경험할 수 있나?

지구에서 가장 실감나게 자유낙하를 경험하는 방법은 '웨이트리스 원더Weightless Wonder'라고 불리는 나사의 맥도널 더글러스 C-9호 연구 항공기에 타는 것이다. 이 항공기의 유명한 원조가 바로 보잉 KC-135호다. 이 원조 항공기가 마치 혜성처럼 자유낙하 비행을 할 때 많은 승객이 견뎌내질 못해서 '보밋 코밋Vomit Comet'(구토혜성)이라는 썩 어울리는 별명이 붙었다.

C-9호는 속도를 올려 급강하를 한 다음, 가파르게 상승을 하며 구름 위 가장 높은 비행 고도에서 부드러운 호를 그린다. 이어서 다시 급강하한다. 이런 급강하와 상승은 롤러코스터나 하늘로 쏘아 올린 대포알의 궤적과 비슷하다. 공기저항으로부터 보호된 항공기 선실에서 이런 방식으로 20~25초 동안 자유낙하를 경험할 수 있다. 조종사는 가파르게 상승했다가 강하하는 비행을 40회쯤 되풀이한다.

스카이다이빙을 하는 사람도 자유낙하를 경험할 것 같지만, 일정 속도에 이르면 중력과 공기저항이 균형을 이루어 느리게 등속운동을 하며 떨어지게 된다(이를 종속도terminal velocity라고 한다). 스카이다이빙이 경이로운 자유감을 안겨 주긴 하지만, 그것은 진정한 의미의 자유낙하가 아니다.

10. 우주 비행사가 자유낙하 상태에서 할 수 있는 재미난 일은 어떤 것이 있나?

가슴에 두 무릎을 붙이고 고개를 뒤로 젖히면서 계속 공중제비를 돌 수 있다. 국제우주정거장의 모듈들 내부를 슈퍼맨처럼 날아서 다음 해치의 중앙을 정확히 관통해 지나가는 묘기에 도전해 볼 수 있다. 팔을 뻗어 레일을 잡을 수 없는 모듈 중앙의 허공에 친구를 띄워 놓고 있다가, 레일이 있는 쪽으로 슬쩍 밀어 줄 수 있다. 박쥐처럼 천장에 거꾸로 매달려 식사를 할 수 있다. 공중에 둥둥 떠 있

나사의 KC-135 항공기에서 자유낙하를 경험하고 있는 저자(중앙). (나사 제공)

는 음식을 날름 입으로 낚아챌 수 있다. 우유 공을 큰 대롱에 넣어
훅 불어서 친구가 벌리고 있는 입에 쏙 넣어 줄 수 있다. 음료수 팩
의 물을 오렌지 크기만큼 둥글게 살살 짠 다음 훅훅 불면서 선실
내부를 돌아다닐 수 있다. 수면 시간이 되면 천장이나 벽에 누워
잘 수 있고, 두 발이 아닌 머리로 서서 화장실에 갈 수도 있다!

11. ISS 안의 공기는 지구 공기와 성분이 같은가?

ISS 생명 유지 장치는 지구에서 우리가 호흡하는 공기와 거의 동
일하게 산소(21퍼센트)와 질소(79퍼센트)를 섞어서 공급한다. 지구
공기에 아주 조금 섞인 아르곤과 이산화탄소와 같은 기체도 물론
방출한다.

산소와 질소는 퀘스트Quest라는 이름의 기밀실airlock(기압과 온도 등을 조절 가능한 모듈) 바깥의 고압 기체 탱크와, 러시아의 프로그레스 화물선이 제공하는 탱크 안에 보관돼 있다. 승무원의 호흡을 통해 소모되거나, 우주유영 도중 기밀실에서 빠져나간 산소와 질소를 채워 넣기 위해 주기적으로 이 탱크를 연다. 승무원들이 배출한 이산화탄소와 수증기는 생명 유지 장치를 통해 제거된다. 수증기는 마실 물과 산소로 재생 이용되고, 이산화탄소 역시 실내 공기에서 제거한 습기와 결합시켜 더 많은 산소를 만드는 데 쓰거나, 우주선 밖으로 버린다.

12. 우주에서는 필요한 산소를 어디서 얻나?

우주 비행사에게는 매일 0.8킬로그램의 산소가 필요하다. 2, 3주 동안의 단기 미션을 수행할 때는 생명 유지 장치가 저장 탱크에서 산소와 질소를 섞어 승무원에게 모자람 없이 공기를 제공할 수 있다. 우리가 숨을 쉬는 데는 질소가 필요 없지만, 순수 산소 대기 상태에서는 화재가 일어날 위험이 높아서 질소를 추가하는 것이다. ISS에서는 이들 기체를 고압 탱크 안에 저장하고 있다가 필요할 때마다 공급한다. 또 이를 보충하기 위해 우주정거장에는 러시아에서 공급하는 고체 리튬 과염소산염 탱크가 있는데, 이를 화학 반응시키면 열과 산소가 방출된다.

지구에서 가져온 기체를 아끼기 위해, ISS의 생명 유지 장치는 공기 중의 습기와 승무원이 '기증'한 소변에서 산소를 추출한다. 사바티에 반응기라고 불리는 별도의 장치로 우주 비행사가 배출한 이산화탄소와 수분을 재활용해서 산소를 만들기도 한다.

왼쪽의 핸드레일이 달린 하얀 고압 탱크 안에 산소와 질소가 저장되어 있다—ISS의 퀘스트 기밀실 외부. (나사 제공)

13. 국제우주정거장 내부의 냉방과 난방은 어떻게 하나?

우주 환경은 혹독하다. 해가 뜨면 바깥 온도가 섭씨 121도까지 치솟고, 밤에는 영하 129도까지 떨어진다.

ISS 외피는 내부로 흡수되는 태양열을 줄이기 위해 태양 광선을 반사하는 흰색이나 은색 코팅이 되어 있다. 선체를 감싼 단열재는 침투하는 태양열을 차단하고, 추운 밤에 열이 손실되는 것을 줄인다.

ISS 내부는 전자 장비와 승무원들의 체열로 장비가 금세 과열되어 사람이 머물 수 없게 되므로, 온도 조절 장치가 꼭 필요하다. 선실과 전자 장비, 실험실 등의 과열을 막기 위해 에어컨이 작동되고, 장비에는 냉각수가 순환한다. 데워진 물은 열 교환기로 들어가 암모니아 충전 냉각 라인으로 열을 전달하고, 이 열은 라디에이터로 이어져 우주로 방출된다.

14. 국제우주정거장 내부 온도는 몇 도인가?

ISS 내부는 항상 따뜻한 22도 정도를 유지한다. 우주 비행사들은 생명 유지 장치를 간단히 조작해 내부 온도와 습도를 조절할 수 있다. 또한 내부 기온 등을 미션 관제 센터에서 항상 점검한다.

막 우주정거장에 도착했을 때 우주왕복선보다 더 따뜻하고 안락하다는 느낌을 받을 정도였다. 나는 편안한 폴로 셔츠에 바지 차림이었다. 하지만 우주정거장에 새로 설치한 데스티니 실험실에서 잘 때는 에어컨 때문에 추워서 스웨터를 입고 침낭에 들어가서 자야 했다.

15. 우주에서는 어떻게 전기를 만드나?

승무원이 생활을 하고 연구 및 실험을 하기 위해서는 전기가 꼭 있어야 한다. 지구에서 가져간 배터리로 전기를 공급할 수 있지만, 그건 너무 무거운 데다 며칠만 지나면 충전을 해 줘야 한다. 하지만 우주에서는 태양에너지를 쉽게 이용할 수 있다. 우주정거장에 커다란 태양전지판이 설치된 것도 그 때문이다.

ISS에 설치된 태양전지판의 면적은 약 4,000제곱미터로, 75~90킬로와트의 전력을 생산한다. 이는 궤도를 한 바퀴 도는 동안 어둠에 잠기는 약 45분간 필요한 우주정거장 운용과 배터리 충전용으로 쓰인다.

제미니호와 아폴로호, 그리고 우주왕복선은 연료전지로 전기를 만들었다. 연료전지로는 저장된 산소와 수소를 전기와 물로 바꾼다. 태양에너지를 쓸 수 없을 만큼 멀리 있는 행성을 탐사할 때는 싣고 간 방사성 플루토늄의 열기로 전기를 생산한다. 화성까지 갈 미래 우주선에서는 원자로로 전기를 생산할 것이다.

16. 우주에서는 시끄럽나?

ISS는 자체 소음을 줄이기 위해 방음재를 설치했지만, 공기 순환 팬과 액체 냉각 펌프에서 꾸준히 '백색 소음'이 난다. 오랜 시간 이 소음에 노출되면 우주 비행사들의 청력이 손상될 수 있다.

승무원들은 청력 보호를 위해 귀마개나 음소거 헤드폰을 쓰기도 한다. 청각을 쉬게 하거나 회복시키고자 할 때는 귀마개를 쓰고, 잠은 방음 숙소에서 잔다. 정기적으로 청력 검사를 해서 청력 손실을 검사하거나 예방한다.

승무원들은 정기적으로 미션 관제 센터에 소리 수준 측정 기록을 보내 우주정거장 내부의 소음 수준을 계속 점검한다. 소음 수준이 조금이라도 변했다면, 팬이나 펌프가 고장났거나 선체에 누수가 발생했을 수 있다.

17. 우주 비행사들은 밀실 공포증이나 갑갑함을 느끼지는 않나?

ISS 내부 생활공간과 실험실 용적은 916세제곱미터로, 보잉 747 선실 공간 용적과 동일하다. 우주 비행사들에게는 여유 공간이 많고, 큐폴라(돔 구조물) 전망 창을 통해 수천 킬로미터 거리에 있는 지구 지평선을 언제나 내다볼 수 있다.

소유스 우주선은 거주 공간이 4세제곱미터밖에 되지 않는다. 그래서 두 무릎을 가슴 쪽으로 바짝 당기고 안전띠는 매고 앉아 있어야 한다. 오리온호나 지구 저궤도 우주 택시는 소유스호보다 넓겠지만 그래도 그저 아늑한 정도일 것이다.

나는 우주왕복선 모형이나 미공군 B-52 조종석에서 수백 시간을 보낸 터라, 우주선의 비좁은 환경이 낯설지 않아서 갇혀 있다는 느낌이 든 적이 없다.

18. 우주 비행사들도 집을 그리워하나?

나는 너무 바빠서 향수를 느낄 겨를이 없었다. 가족들과 나 사이에 엄청난 물리적 거리가 있다는 것을 알면서도 그랬다. 그래도 가족들과 매주 무선통화나 영상통화를 한 게 많은 도움이 되었다. 물론 몇 달에 걸쳐 엑스퍼디션 미션을 수행하는 이들은 바다에서 복무하는 군인들처럼 향수에 젖는다. 고립감을 극복하는 데는 이메일이나 영상 메시지가 중요한 구실을 한다. 하지만 지금까지 ISS 우주 비행사들이 향수병을 극복하는 최고의 무기는, 비번일 때마다 지구로 전화를 걸어 집안일이나 사건을 시시콜콜 챙기는 것이다.

19. 우주 비행사들은 따분함도 느끼나?

우주왕복선 미션을 수행할 때는 너무 바빠서 따분하다는 생각이 들 겨를이 없었다. 하지만 초기의 우주정거장 승무원들과 ISS의 일부 승무원들은 몇 달 동안이나 지구 궤도를 돌며 권태나 우울증을 느꼈다. 먼 우주 항해를 할 미래에 우주 권태를 예방하는 최선의 방법은, 우주 비행사들에게 몰두할 수 있는 의미 있는 일거리를 마련해 주는 것이다. 과학 연구나 천문 관측, 다른 행성에서 수집한 샘플 분석 같은 것 말이다.

20. 우주 비행사들은 우주에서 피로를 느끼나?

우주 비행사들은 육체적으로나 정신적으로 매우 힘든 일을 한다. 내 경우 궤도에서 하루 작업 시간이 16시간에 이르렀다. 물론 여기에는 일을 하는 것 외에도 일을 할 준비를 하고, 식사하고, 설거지나 청소를 하고, 운동하고, 일을 마친 후 한숨 돌리는 시간까지 포함되어 있지만 말이다. 아무튼 근육이 피로할 수밖에 없는데, 특히 우주유영을 한 뒤가 그렇다. 하지만 가장 피곤한 것은 정신적으로 일에 집중하는 것이다.

피로 회복을 위해 나는 밤마다 예닐곱 시간은 자려고 했다. 내 경우 우주에서 항상 아주 정밀한 작업을 해야 했다. 완벽하게 수행해야 한다는 그런 부단한 압박감을 전에는 받아 본 적이 없었다. 각각의 우주 미션을 수행하는 것이 항상 신나긴 했지만, 그래도 착륙 후 보내게 될 휴가가 기다려졌다.

21. 전형적인 우주 미션 기간은 얼마나 되나?

전형적인 엑스퍼디션(ISS 체류) 미션을 수행하는 승무원은 우주에서 약 6개월을 지낸다. 나사의 우주 비행사 스콧 켈리와 러시아의 미하일 코르니엔코는 2015년 3월부터 1년을 ISS에 머물며 화성 미션에 대비한 인간의 건강과 인내력, 행위 능력 등을 연구했다.

전형적인 우주왕복선 미션은 10일에서 14일 정도 지속된다. 가장 짧은 우주왕복선 미션은 STS-2였는데, 2일 6시간 13분이 걸렸다. 가장 긴 것은 내가 수행한 컬럼비아 STS-80 미션으로, 17일 15시간 53분이 걸렸다.

22. 강력 접착테이프가 우주에서 왜 필요한가?

강력 테이프는 자유낙하 상태에서 수월하게 일하고 생활하는 데 아주 요긴하게 쓰이는 물건이다. 강력한 접착력 덕분에 지구 궤도에서 필수품으로 쓰이는데, 주된 쓰임새를 10가지만 들면 다음과 같다.

- 지구로 돌려보낼 장비 포장.
- 섭취한 음식 팩으로 가득 찬 비닐 쓰레기봉투 봉합과 보강.
- 모듈 둘레의 얼기설기한 케이블 정리.
- 망가진 장비 수리.
- 실험실 공기 흡입 필터의 보푸라기 제거.
- 저장품 자루나 통에 꼬리표 부착.
- 컴퓨터 메모리 카드나 USB 메모리 스틱 고정.
- 중요 스위치나 제어반에 비망록 부착.
- 바닥에 발을 끼울 수 있는 고리 추가 부착.
- 흩어진 음식물 부스러기 흡착 제거.

우리는 항상 커다란 강력 테이프를 두어 개 로커에 담아 가지고 우주로 갔다. 이 강력 테이프가 떨어지면 마침내 집에 갈 때가 되었다는 농담을 하곤 했다. ISS에서는 선실 표면에 끈적이는 잔류물을 남기지 않고 잘 떨어지는 접착테이프도 사용한다.

23. 국제우주정거장은 스카이랩, 살류트, 미르 우주정거장을 거치며 어떻게 개선되었나?

ISS를 건설하는 데는 앞서의 스카이랩과 살류트, 미르 우주정거장 경험이 많은 도움이 되었다. 살류트에서는 승무원 2명, 스카이랩과 미르에서는 3명이 지낼 수 있었다. 반면 ISS에는 6명 이상이 편히 지낼 수 있을 만한 여유 공간이 있다. 생활 모듈이 8기 있고, 욕실 두 개, 작은 체육관 하나, 취사실 둘, 큐폴라 하나가 있다. ISS의 승무원 6명은 앞선 여느 우주정거장에서보다 더 섬세한 과학 실험을 우주선 내외부에서 수행할 수 있다.

ISS는 적어도 2040년까지는 계속 운용될 것이다. 선상에서 이루어진 발견은 향후 지구에서의 삶을 개선시키는 데 많은 도움이 될 것이다. 또한 거기서 실험 중인 신기술은 먼 우주 여행을 나서는 데 도움이 될 것이다. 그에 대한 구체적인 내용은 나사의 우주정거장 연구 기술 웹사이트(nasa.gov/mission_pages/station/research/index.html)에서 찾아볼 수 있다.

나사 우주 비행사 첼 린드그렌이 국제우주정거장의 미국 데스티니 실험실 모듈에서 자유낙하의 자유로움을 만끽하고 있다. (나사 제공)

1. 국제우주정거장의 부엌은 어디에 있나?

선박의 경우와 마찬가지로 ISS의 부엌은 취사실^{galley}이라고 불린다. 거기서 승무원들은 식사를 준비하고 먹는다.

ISS의 러시아 스베스다 모듈에 취사실이 있는데, 급수기와 전자레인지, 부엌 용품, 청소 용품 등을 갖추고 있다. 또 중앙 통로에서 몇 미터 아래에 취사실과 식료품실이 딸린 미국 유나이티 모듈이 있다. 식료품실에는 아침 식사, 디저트, 스낵, 육류와 어류 요리, 부식, 야채, 수프, 음료 등을 보관한다.

나사의 우주 비행사들은 급수기와 전자레인지로 소박한 식탁을 차린다. 작은 냉장고도 있어서 음료수 팩을 차갑게 보관할 수 있다. 의자나 나이프는 필요 없다. 식탁 둘레에 둥둥 떠서 먹는데, 필요한 것은 먹거리 팩을 잘라서 떠먹을 가위와 숟가락뿐이다. 먹거

ISS 승무원들이 식사를 하기 위해 유나이티 모듈 취사실에 모여 있다. (나사 제공)

리 팩은 벨크로와 번지 스트랩(자전거 끈 같은 것)으로 식탁에 고정
시킨다.

오리온호 우주선에는 여러 주 동안 임무가 지속되는 것에 걸맞게
음식을 준비할 작은 취사실이 갖춰질 예정이다. 소유스, 크루 드
래건, CST-100 스타라이너 같은 저궤도 우주선은 하루 이틀이면
ISS에 도착하기 때문에 취사실이 필요 없다. ISS에 도킹할 때까지
미리 준비한 음식을 먹으면 된다.

2. ISS에서는 음식을 어떻게 보관하나?

ISS에서나 먼 우주에서 오래 지내려면 음식물이 상하지 않게 잘
보관해야 한다. 냉장과 냉동으로 음식물을 신선하게 보존할 수 있
지만, 그래서는 실험실이나 다른 필수 장치에 사용하는 게 더 좋
을 전기를 너무 많이 소모하게 된다.

나사에서는 음식물 부패를 막기 위해 여러 가지 방법을 쓰지만,
아직도 냉장과 냉동의 장점을 잘 살려 쓰고 있다. 냉동 건조 방법
은 음식물의 수분을 제거함으로써 세균 번식을 막는다. 냉동 건조
된 것을 먹기 위해서는 비닐 팩 안에 물을 뿌려 음식물을 불린다.
열 안정화 방법도 쓰는데, 음식물을 은박지로 밀봉해서 고온 고압
으로 살균 처리를 하는 것이다. 세균을 없애는 제3의 방법으로 음
식물 팩에 방사선을 쬐는 것이 있다.

3. 우주 비행사들은 음식을 접시에 담아 먹나?

ISS 승무원들은 일회용 팩에 담긴 것을 그대로 먹고 마신다. 설거
지가 필요 없다! 궤도에서 식탁을 차릴 때 나는 이따금 음식물 팩

을 내려놓기 위해 벨크로가 달린 금속 쟁반을 쓰기도 했다. 그러나 쟁반이 없어도 팩에 벨크로가 붙어 있어서 선실 표면이나 천에 딸린 벨크로에 잘 달라붙는다. 가위나 숟가락에는 자석이 붙어 있어서 취사실 식탁의 금속 띠에 붙여 놓을 수 있다.

나는 보통 한 번에 두 개의 팩을 잘라 내용물이 새지 않도록 조심하며 식사를 했다. 한 번에 세 개 이상을 개봉하면 취사실에 재앙을 불러올 수 있다. 일단 두 개를 다 먹으면 새로 두 개를 개봉한다. 지구로 돌아온 뒤에 누리는 소박한 호사 가운데 하나는, 여러 접시에 맛깔스럽게 담긴 갖가지 음식을 한꺼번에 벌여 놓고 먹을 수 있다는 것이다.

4. 우주선에 냉장고나 냉동고가 있나?

음료수를 차갑게 보관하는 작은 냉장고가 하나 있을 뿐이다. 하지만 이따금 들르는 화물선의 의료용 냉장고에 담아 보낸 아이스크림을 맛볼 수 있다. 아이스크림은 금세 동나고, 지구로 보내 검사할 혈액, 소변, 기타 생리학 샘플이 냉장고에 담긴다.

5. ISS용으로 어느 나라 음식들이 제공되나?

나사에서는 미국만이 아니라 유럽, 일본, 캐나다 등 협력국의 모든 식단을 제공한다. 협력국 우주 비행사들은 화물선에 추가로 실려 온 자국 음식을 즐기기도 한다.

러시아 우주국에서는 프로그레스 화물선과 소유스 우주선을 이용해 자국 우주 비행사들에게 음식을 전달한다.

승무원들은 특히 함께 식사를 할 때 음식을 자유롭게 바꿔 먹는

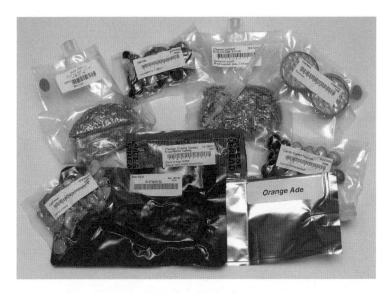

궤도에서 추수감사절을 지낼 때 먹는 우주정거장 음식. 왼쪽부터 오른쪽으로 크랜베리 소스, 옥수수빵 스터핑, 훈제 칠면조, 홍차, 냉동 건조 딸기. 이것들을 먹을 때 필요한 것은 가위와 숟가락뿐이다. (나사 제공)

ISS의 미국 유나이티 모듈 취사실에 늘어놓은 음식물 팩. (나사 제공)

다. 다채로운 식단 덕분에, 각자 선호하는 음식을 동료들과 함께 먹으며 색다른 음식도 즐길 수 있어서 다들 식사에 꽤 관심을 기울인다. 나사에서는 180종의 음식과 음료를 제공하고, 러시아가 거기에 100종 이상을 추가한다. 그래서 ISS의 우주 비행사들은 음식에 물리는 법이 없다.

6. 우주식은 해가 갈수록 나아졌나?

과일 음료와 깍뚝썰기를 한 베이컨 따위를 먹던 아폴로 시대 이후 우주식은 확실히 더 나아졌다. 또 우주왕복선 시대 이후 음식물 보존 방법이 개선되어 식감과 맛이 아주 다양해졌다. 오늘날의 우주 비행사들은 훨씬 더 다양한 음식을 골라 먹을 수 있다.

발사 전 5개월 무렵 우주 비행사들은 온갖 음식을 시식하며 일일 식단을 짠다. 식단은 약 10일 주기로 순환된다. 식단과 무관하게 간식을 먹을 수 있고, 식료품실에 있는 다른 음식으로 일일 식단을 바꿀 수도 있다.

소금물, 오일에 섞은 후추 등을 음식에 손쉽게 가미할 수 있고, 겨자, 고추 소스, 타코, 스테이크 소스 등으로 각자 입맛에 맞게 양념을 할 수도 있다.

2~3개월마다 주기적으로 화물선에 실려 오는 신선 식품 덕분에 식단은 더욱 풍성해진다. 다만 여러 옵션이 딸린 '고객 맞춤형' 피자나 버거를 먹을 수 없다는 게 유감스러울 뿐이다.

7. 저자는 우주에서 어떤 음식을 특히 즐겨 먹었나?

내가 즐겨 먹은 것은 브렉퍼스트 부리토, 코나 커피, 땅콩 초콜릿,

'샌드위치 치킨 비행접시', 곧 피칸테 소스를 가미한 따뜻한 토르티야에 끼운 방사선 살균 닭가슴살을 먹고 있는 저자. (나사 제공)

볶은 아몬드, 황설탕 오트밀, 구운 닭고기 토르티야, 냉동 건조 딸기, 초콜릿 푸딩, 라자냐, 고기 소스 스파게티, 냉동 건조 아스파라거스, 매운 양념 치킨, 치즈 마카로니, 구운 스테이크, 소고기 바비큐 슬라이스 등이다.

나는 언제나 우주식을 캠핑 음식에 비유하곤 했다. 우주식은 수분을 제거하거나 팩에 담겨 있어서, 직접 요리해 먹는 음식보다 챙겨 먹기는 쉽지만 집밥만큼 만족스러울 수는 없다. 나는 신선한 야채나 과일, 샐러드 등의 식감과 풍미가 그리웠고, 접시에 담아 내는 여러 음식의 다양한 냄새가 그리웠다.

8. 집에서 음식을 싸 갈 수 있나?

ISS의 우주 비행사들은 보너스 음식 컨테이너에 담을 간식을 요청할 수 있는데, 이것은 화물 우주선이나 소유스, CST-100 스타라이너, 크루 드래건 같은 우주 택시에 다른 식품과 함께 실려 도착한다. 동료 승무원들도 각자 좋아하는 간식을 요청할 수 있었다. 나사의 영양사는 우주왕복선의 식품 보관함에 그것을 추가로 담아 주곤 했다. 어느 우주 비행사는 초콜릿 칩 쿠키를 선택했는데, 맛은 좋았지만 부스러기가 너무 많이 떨어졌다. 비닐봉지에 한 입 크기의 스위스 초콜릿을 가득 담아 간 우주 비행사도 있다. 내가 선택한 간식은 어릴 때 도시락에 싸 가던 것들이었는데, 테이스티 케이크라는 컵케이크와 크림펫이라는 스낵이다. 실온에도 변하지 않았고, 촉촉해서 부스러기도 거의 생기지 않았다. 그것을 날마다 하나씩 아껴 먹고, 남은 것은 다른 간식과 바꿔 먹었다.

우주왕복선 미션을 받고 ISS로 갈 때 동료 승무원 한 명은 냉동 건조한 메릴랜드 게 수프를 개인 짐 꾸러미에 담아 갔다. 그것은 너무나 인기가 좋아서 지구로 귀환할 때 남은 것을 전부 ISS 승무원들에게 주었다.

9. 우주 비행사들은 우주에서 살이 찌나?

살이 찔 리가 없다. ISS에서는 냉동 건조하거나 열 안정화 처리한 음식에 견과류나 냉동 과일 같은 간식으로, 체중이나 성별에 따라 하루 1,900~3,200칼로리의 균형 잡힌 식사를 한다.

하루 섭취 열량이 많은 것 같지만, ISS의 우주 비행사들은 날마다 힘겨운 활동을 한다. 게다가 우주식의 맛과 식감까지 고려하면 오히려 체중이 빠질 가능성이 높다. 궤도에서 6개월씩 지내는 ISS 승무원들은 평균적으로 남자는 2~4킬로그램, 여자는 1.3~3.2킬

로그램 체중이 줄었다. 단기 미션일 때는 체중 변화가 별로 없었
다. 나는 귀환할 무렵 0.5~1킬로그램쯤 체중이 줄었다.

10. 우주 비행사들은 자유낙하 상태에서 어떻게 체중을 재나?

자유낙하 상태에서는 본질적으로 체중이 항상 0이다. 그래도 질
량은 지녔기 때문에 우주에서의 질량을 측정함으로써 지구에서의
체중으로 환산할 수 있다. 비행 군의관은 우주 비행사들이 ISS에
서 6개월 머무는 동안 식사를 잘하고 건강하게 지내는지 확인하
기 위해 규칙적으로 신체 질량을 측정하도록 요구한다.

ISS에서는 우주 선형 가속 측정기SLAMMD라는 것으로 신체 질량을
측정한다. 이것은 뉴턴의 제2법칙인 가속도의 법칙, 곧 F=ma(힘

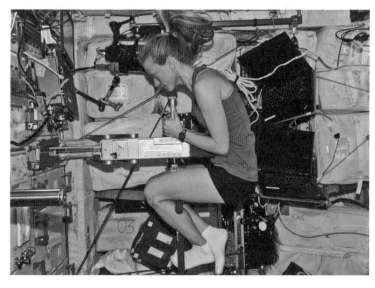

우주 비행사 카렌 나이버그가 국제우주정거장의 SLAMMD로 신체 질량을 측정하고
있다. (나사 제공)

은 질량 곱하기 가속도)를 이용한다. 2개의 스프링으로 우주 비행사에게 일정한 힘을 가한 다음, 그에 따른 가속도를 측정해서 질량을 구하는 것이다. 이 기계는 250그램 이내의 오차를 보인다. 러시아도 질량 측정기가 있는데, 우주 비행사가 스카이콩콩 발판 같은 곳에 올라가 앞뒤로 흔들릴 때 질량이 측정된다.

11. ISS에서는 물을 어떻게 공급하고 어떻게 재활용하나?

우주 비행사는 1인당 하루 약 3.5킬로그램의 물이 필요하다. 1년이면 1.3톤이나 된다. ISS의 깨끗한 물은 프로그레스, 크루 드래건, HTV, 시그너스 같은 보급 우주선이 탱크에 실어 보낸다.

지구에서 물을 실어 나르는 비용을 줄이기 위해 ISS에서는 사용한 물을 생명 유지 장치로 재생한다. 승무원이 내뿜은 수증기를 포착해서 물 재생 장치로 보내 이것을 음용수로 재생해서 저장하거나, 분해해서 숨 쉴 수 있는 산소로 만드는 것이다. 승무원의 소변도 화장실에서 수거해 소변 처리기를 거쳐 정화해서 음용수로 바꾼다. 이런 방식으로 6명의 승무원이 배출하는 소변의 70퍼센트가 음용수로 재생된다.

이런 과정을 거쳐 매년 절약하는 발사 비용이 수천만 달러에 이른다. 화성 탐사 우주선의 무게를 (아울러 비용을) 줄이기 위해서는 물 재생 장치의 효율을 더 높여야 할 것이다.

12. 우주에서는 변을 어떻게 보나?

설마 이런 걸 물어볼 줄 몰랐다! 지구의 화장실은 중력 때문에 모든 것이 제 길을 찾아간다. ISS의 무중력 상태에서 그렇게 기능하는 화장실을 만들기 위해 엔지니어들은 공기 이동을 이용해 중력을 대신하게 했다.

이는 팬으로 화장실의 공기를 빨아들여 신체에서 배출된 액체나 고체를 끌어당기는 방식이다. 우주 비행사는 화장실에 들어가서 팬을 돌리는 스위치를 켠다. 그리고 진공 호스 끝에 깔때기를 끼우고 거기에 몸을 가까이 가져간다. 호스 속으로 빨려드는 공기가 소변을 깔때기 속으로 끌어당겨 저장 용기 속으로 옮긴다.

또 우주 비행사는 바닥의 레일에 발가락을 찔러 넣고 좌변기 바로 위에 자세를 잡는다. 좌변기 아래로 바람이 흐르고, 벌려진 작은 비닐봉투 속으로 고형물이 바람에 끌려간다. 볼일을 마치면 고형물과 휴지, 위생 장갑이 비닐봉투 안에 담긴 채 봉해지고, 이것은 좌변기 아래쪽 통에 투입된다. 마지막으로, 다음 사람이 사용할 수 있도록 좌변기 시트와 통 입구를 닦고, 새 비닐봉투를 끼워 놓는다. 손을 닦은 살균 티슈는 별도의 쓰레기봉투에 담는다.

13. 변은 어떻게 처리하나?

소변은 잠깐 통에 보관된 후 파이프를 따라 물 재생 장치로 옮겨진다. 거기서 소변은 깨끗한 음용수로 재생된다. 생명 유지 장치는 깨끗한 물 일부를 숨 쉴 수 있는 산소로 바꾼다.

우주 비행사는 좌변기 아래 통 속에 고형물이 가득 차면 그것을 다른 쓰레기와 함께 빈 화물선에 쌓아 둔다. ISS를 떠난 화물선은 역추진 로켓을 점화해 대기권으로 진입해서 쓰레기와 함께 소각 처리된다. 한밤중에 하늘을 가로지르는 별똥별을 보면 상기해 달라. 그게 우주 비행사가 보낸 향긋한 선물일 수도 있다는 사실을!

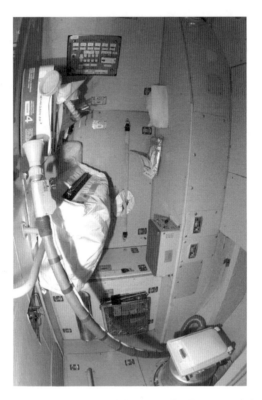

ISS의 화장실. 왼쪽 위의 깔때기 달린 긴 파이프는 소변용이고, 오른쪽 아래는 뚜껑 덮인 좌변기. (나사 제공)

14. 우주 비행사는 우주에서 어떻게 운동을 하나?

유산소 운동으로 러닝머신 위에서 달리고 실내 자전거도 탄다. 하지만 무게가 없는 상태에서 이들 기계 위에 떠 있는 것을 막기 위해서는 특수 장비를 써야 한다. 러닝머신에서 허리와 양 어깨에 멜빵을 차면 여기 연결된 탄력 띠가 멜빵을 아래로 당겨 준다. 실내 자전거를 탈 때는 느슨하게 허리띠를 두르고 앉아 페달에 발을 끼워 넣는다. 나는 90분 동안 계속 페달을 밟으며 지구를 한 바퀴

나사의 우주 비행사 댄 버뱅크가 고등 저항 운동 장비로 '역기' 들기를 하고 있다. (나사 제공)

돌기도 했다!

ISS의 승무원들은 고등 저항 운동 장비 ARED라는 것으로 규칙적인 근력 운동을 한다. 이것은 역도 장치인데, 선실의 기압과 우주 진공상태의 차이를 이용해서 한 쌍의 피스톤에 저항력을 주는 것이다. 우주 비행사는 봉을 잡고 역기 들기, 앉았다 일어서기, 팔뚝 운동 등을 할 수 있다. 그 밖에도 탄력 밴드와 악력기 따위의 운동도 한다.

6개월이나 그 이상의 기간 동안 하루 90분씩 운동을 하고 귀환한 우주 비행사들은 대부분 뼈 손실율도 크게 늦춘 상태에 근력도 우수했다.

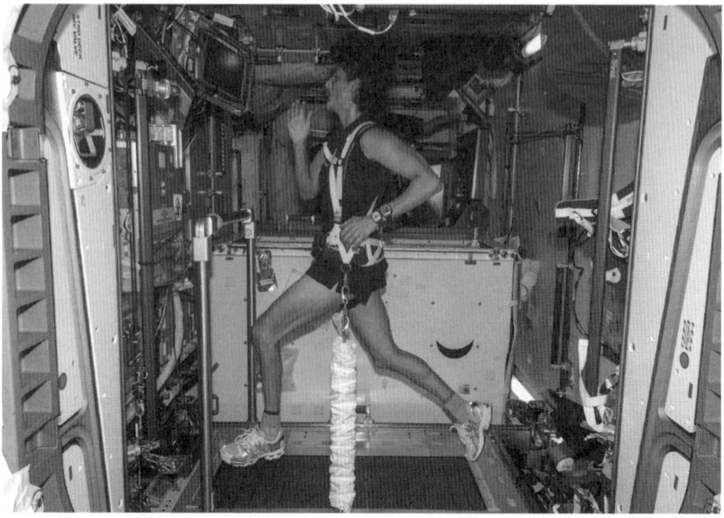

우주 비행사 서니타 윌리엄스가 엑스퍼디션 32 미션 기간에 ISS의 러닝머신에서 달리기를 하고 있다. (나사 제공)

15. 우주에서 땀을 흘리면 어떻게 되나?

지구에서는 따뜻한 공기가 위로 상승한다. 따뜻한 공기는 차가운 주위 공기보다 상대적으로 밀도가 낮기 때문에, 따뜻한 공기 아래로 찬 공기가 밀려드는 것이다. 하지만 자유낙하 상태에서는 밀도 차이가 없다. 그래서 신체 열기에 데워진 공기는 상승을 하지 않는다. 우주에서 운동을 할 때 신체의 열기는 주위 공기를 데우지만 축축하고 따뜻해진 이 공기는 후덥지근한 담요처럼 신체를 감싸고 있게 된다. 이렇게 피부에 인접한 채 머무는 축축한 공기층 때문에 땀이 쉽사리 증발을 하지 못한다. 사실상 땀은 보습제처럼 피부에 도포된다. 우주 비행사들은 운동을 할 때 수건으로 자주 땀을 닦고, 선풍기나 환기 호스의 찬바람을 쐰다.

우주 비행사 커렌 나이버그가 ISS에서 머리를 감고 있다. (나사 제공)

16. 우주에서 신체 청결 관리는 어떻게 하나?

우주에서는 때가 안 낄 거라고 생각하기 쉽다. ISS에서 내가 한 일
의 대부분은 육체적으로 아주 고된 일이었다. 우주왕복선 애틀랜
티스호의 화물(무게는 없어도 질량은 있는 것들)을 ISS로 옮기고, 새
로 추가한 데스티니 실험실 안에서 안전장치와 무선 장비 설치 및
배선을 하고, 밖에서 세 차례 우주유영 작업을 했다. ISS 승무원들
역시 힘든 작업을 한다. 게다가 날마다 적어도 90분은 운동을 한
다. 동료들에게 왕따를 당하지 않으려면 목욕을 해야 한다.

1973~1974년의 우주정거장 스카이랩 경험에 따르면, 우주 비행
사가 샤워를 한 후, 몸을 말리고 샤워실의 질편한 물기를 처리하
는 데 너무 오랜 시간이 걸렸다. 그래서 ISS에서는 수건에 따뜻한
물을 적시고, 헹굴 필요가 없는 비누를 발라 머리부터 발끝까지

닦는 것으로 목욕을 마친다.

우주 비행사들은 저마다 화장용품 가방을 가지고 있다. 가방 안의 벨크로에 치약과 칫솔, 치실, 손톱깎이, 입술 크림, 샴푸, 면도기 등이 붙어 있다. 배터리를 쓰는 전기면도기로는 수염이나 머리카락을 밀 수 있다. 하루 15분만 청결 관리에 투자하면 우주에서 친구들에게 따돌림당하는 일은 벌어지지 않는다.

17. 우주 비행사는 머리를 어떻게 감고, 이발은 어떻게 하나?

먼저 물주머니의 따뜻한 물로 머리를 적신다. 그리고 헹굴 필요가 없는 샴푸(병원 환자용과 같은 종류)를 머리에 묻히고 손가락이나 빗으로 골고루 바른다. 수건으로 머리를 말린 후 빗질을 해서 모양을 잡는다. ISS에서 우주 비행사들은 가위로 동료의 머리칼을 다듬어 주고, 잘라 낸 머리칼은 진공청소기로 처리한다.

18. 양치질은 어떻게 하나?

우주 비행사들이 치실을 쓰는 것은 지구에서와 마찬가지인데, 칫솔질은 지구에서보다 까다롭다. 치약을 뱉어 낼 세면대나 개수대가 없다! 입안의 치약은 휴지나 수건에 뱉고, 깨끗한 물로 헹군다. ISS에서는 물을 아끼기 위해 먹는 치약을 사용하기 시작해서, 이제는 칫솔질 후 치약을 꿀떡 삼킨다.

19. 잠은 어디서 자나?

ISS에는 승무원마다 개인 침실이 있다. 하모니 모듈 벽과 천장과 바닥에 1인용 침실이 4개 있고, 스베스다 서비스 모듈에 2개가

유럽우주국 우주 비행사 사만다 크리스토포레티가 ISS의 개인 숙소에서 쉬고 있다. (나사 제공)

있다.

침실에는 침낭을 놓을 공간과 옷장, 노트북 컴퓨터용 탁상, 구내 전화, 사진과 기념물을 걸어 놓을 벽면이 있다. 침실마다 프라이버시와 소음 방지를 위한 접이식 문이 달려 있다. 러시아 승무원들 숙소에는 지구를 바라볼 수 있는 전망 창이 나 있다.

ISS로 가거나 지구로 귀환하는 우주선에서는 벽과 바닥, 천장에 침낭을 고정시켜 임시 잠자리를 만든다. 그런 다음 안대로 햇빛을 차단하고 잠깐 눈을 붙인다. 눈을 감으면 항상 나는 과거에 겪어본 그 무엇보다 부드럽고 푹신한 깃털 잠자리 안으로 사뿐히 가라앉는 느낌을 받으며 몇 분 안에 까무룩 잠이 들었다.

20. ISS에서 지키는 프라이버시가 있다면?

ISS에서 다른 우주 여행자 5명과 함께 6개월 이상을 지내면 무척 복닥거릴 것 같지만, ISS 내부는 아주 널찍한 느낌을 준다. 한 장소에서 몇 시간씩 일을 하는 동안 다른 동료를 한 명도 만나지 못할 수 있다. 그들 역시 다른 곳에서 다른 일을 하고 있기 때문이다.
그리고 우주정거장 기밀실이나 창고 모듈, 큐폴라 전망 창에 가서 언제든 혼자 있을 수 있다.
옷은 침실에서 갈아입고, 트랭퀼리티 모듈이나 스베스다 모듈에서 운동을 하거나 몸을 씻을 수 있다. 각자의 침실에 가서 쉴 수도 있다. 모두가 동료의 프라이버시를 지켜 주기 위해 최선을 다한다.

21. 우주에서도 청소를 하나?

우주의 집도 지구에서와 마찬가지로 청소를 하고 관리를 해 줄 필요가 있다. 우주 비행사들은 날마다 잠깐씩 취사실을 닦거나, 공기 필터에서 보푸라기를 제거하거나, 쓰레기통을 비우거나, 화장실을 청소하는 등 집 안 잡일을 한다.
한번은 조종석 패널 뒤의 공기 필터를 청소하다가 머리빗과 "공군 파이팅Go Air Force!"이라는 문구가 새겨진 스티커를 발견했다. 예전의 승무원이 잃어버린 것인데, 그 작은 공간에 표류해 들어가 몰래 칩거를 하고 있었던 것이다.

그 밖에도 미션 관제 센터의 도움을 받아 여분의 부품을 가지고 망가진 장비를 수리하거나 정기적인 유지 관리를 함으로써, 우주 비행사들은 생활환경을 아주 쾌적하게 유지한다.

22. 쓰레기는 어떻게 처리하나?

폐지, 폐품, 휴지, 사용한 접착테이프, 포장재 등은 마른 쓰레기라고 한다. 이런 것들은 비닐 쓰레기봉투에 담아 테이프로 봉하거나 묶어서 폐기한다. 젖은 쓰레기, 이를테면 먹고 남은 음식물 팩, 축축한 종이 행주, 물수건 따위를 방치하면 퀴퀴한 냄새를 풍기게 된다. 이것들은 비닐봉투에 담아 손으로 압착한 후 접착테이프로 봉한다.

승무원들의 화장실 고형물 통과 함께, 이것들은 프로그레스와 시그너스, HTV 같은 화물선 빈자리에 실어 둔다. 일단 쓰레기가 가득 차면 이 우주선을 ISS에서 분리해 지구 대기권으로 진입시켜 소각 처리한다. 이들 쓰레기는 분자 수준으로 환원된다.

먼 우주 미션에 대비해 나사에서는 쓰레기를 추진기 연료나 숨 쉴 수 있는 산소, 방사선 차폐막으로 재활용하는 방안을 연구 중이다.

23. 우주선에서 맡을 수 있는 특유의 냄새가 있나?

아폴로 우주 비행사들의 보고에 따르면, 달 착륙선 안으로 들어온 달 먼지에서 희미하지만 매콤한 화약 냄새가 났다. 우주유영을 하고 돌아온 후 나는 우주복에서 오존의 톡 쏘는 탄내가 나는 것을 느꼈다. 밖에서 우주복에 달라붙은 것은 산소 원자였다. 이것이 기밀실에서 산소 분자와 결합해 오존이 되어 톡 쏘는 냄새를 풍긴 것이다.

우주정거장의 생명 유지 장치에는 미량 오염 물질 제어부라는 냄새 제어장치가 있다. 이 장치는 활성탄과 산화 촉매제, 리튬 수산화물 흡수제, 팬, 그리고 유량계流量計로 이루어져 있다.

활성탄으로는 암모니아를 비롯한 대부분의 냄새를 제거한다. 메테인(메탄) 같은 가스는 산화 촉매제로 포집해서 섭씨 400도의 열로 태워 버린다. 이러한 열처리 과정에서 생기는 복합물과 산성 가스는 리튬 수산화물에 흡수된다. 이 장치는 승무원들이 배출한 쓰레기, 음식물, 인체 등의 거의 모든 냄새를 처리한다. 내가 ISS에 처음 들어섰을 때 맡은 냄새는 상쾌하고 청량했다. 이 냄새 제어 장치는 지금도 계속 쓰이고 있다.

24. 우주 비행사들은 빨래를 어떻게 하나?

하지 않는다. 자유낙하 상태에서 세탁을 하려면 특별히 설계된 세탁기가 필요하고, 많은 물과 동력을 소모해서 우주정거장의 많지 않은 자원이 동날 수 있다.

우주정거장 승무원들은 속옷과 양말을 이틀에 한 번, 바지(또는 반바지)와 셔츠는 한 달에 한 번 갈아입는다. 잠옷 반바지와 티셔츠는 1주일에 한 번 갈아입고, 운동을 할 때는 지난주에 입었던 반바지와 티셔츠를 1주일 동안 다시 입는다. 입었던 옷은 쓰레기로 처리해서 화물선에 실어 지구 대기에서 소각시켜 버린다.

이에 비해 우주왕복선에서는 더 여유롭게 옷을 갈아입었다. 셔츠와 양말, 속옷을 날마다 갈아입었고, 대부분의 옷을 지구로 가져와 세탁해서 다음 미션 때 다시 입었다. 우주 의상 디자이너들은 더 장기간 입을 수 있도록 냄새를 예방하는 항균 옷감을 실험하고 있다.

25. 우주 비행사들은 재미로 무엇을 하나?

우주에서는 일하고 생활하는 것 자체가 재미있었다. 놀라운 볼거리, 친구들, 매력적인 일거리, 자유낙하 상태에서 무게감 없이 사는 삶의 자유로움 등 재미나지 않은 게 없었다. 나는 우주에서 지낼 때만큼 고되게 일한 적이 없으면서도 늘 싱글벙글 웃으며 지냈다. 딱히 할 일이 없을 때면 창문에 붙어서, 사진기를 들이대고 지질학자와 지구과학자, 그리고 가족들과 함께 볼 만한 지구 풍경 사진을 찍었다. 창밖을 내다보지 않을 때는 우주정거장 복도를 쏜살같이 날아다니거나 수십 번 공중제비를 돌며 신나게 놀았다. 이게 신나는 놀이라는 것은 승무원 모두 인정한다. 대형 스크린으로 영화를 보는 것도 인기 있는 소일거리다.

26. 우주에서도 여유 시간이 있나? 여가는 어떻게 보내나?

ISS에서 6개월씩 체류하는 우주 비행사들은 페이스를 잘 조절해야 한다. 10시간 이상 일하는 날이 계속될 때는 휴식을 잘 취하는 게 중요하다. 토요일에는 오전만 일하고, 일요일에는 전혀 일을 하지 않고 쉬거나 몇 가지 잡일을 하며 개인 시간을 보낸다. 대부분 일요일에도 과학 연구를 하는데, 연구 자체가 재미있기 때문이다.

날마다 저녁 식사를 마친 뒤에는 자기 전까지 90분 정도 자유 시간을 갖는다. 이때 큐폴라 전망 창을 통해 장엄한 광경을 내다보며 시간을 보내거나, 독서나 음악 감상, 그림 그리기, 바느질, 악기 연주 같은 취미 생활을 하거나, 지구의 아마추어 무선통신사들과 교신을 하기도 한다.

27. 우주정거장에도 책이 많이 있나?

그렇다. 우주 비행사들은 개인 태블릿이나 노트북으로 좋아하는 전자책을 읽을 수 있다. 내가 마지막 비행을 했을 때는 SF 고전인 『2001: 스페이스 오디세이』 종이책을 가져갔다. 이 소설을 원작으로 한 1968년 영화는 어릴 때 내가 우주 비행사 꿈을 꾸는 데 한몫하기도 했다. 미르호와 같은 초기 우주정거장에는 수십 권의 종이책이 꽂힌 서재가 있었다.

28. 우주 비행사들도 우주에서 음악을 즐기나?

음악은 우주에서 일하고 쉴 때 지구에서와 마찬가지로 즐길 수 있는 삶의 활력소다. ISS에서는 MP3 플레이어나 노트북에 저장된 디지털 음원을 듣는다. 친구나 가족이 미션 관제 센터를 통해 보내 준 음원을 듣기도 한다. 잠자기 전에 지구를 바라보며 나는 종종 편안한 음악을 듣곤 했다. 운동을 할 때는 록이나 댄스곡을 들으며 흥을 돋우었다. 몇몇 악사 우주 비행사들은 긴장을 풀거나 영감을 얻기 위해, 또 동료들과 즐기기 위해 기타나 플루트, 키보드 같은 악기를 가져왔다.

나사 우주 비행사 트레이시 콜드웰 다이슨이 ISS의 큐폴라 전망 창을 내다보고 있다.
(나사 제공)

우주왕복선 STS-98 미션 도중 애틀랜티스호에서 『2001: 스페이스 오디세이』를 들고
있는 저자. (나사 제공)

29. 우주에 있는 동안 무엇이 그리웠나?

얼굴을 스쳐 지나가는 산들바람의 감촉, 막 깎은 잔디밭의 진한 풀 냄새, 캠핑할 때의 여름 숲 냄새가 그리웠다. 피자나 쪄서 먹는 대게, 신선한 과일과 채소 같은 음식이 그리웠고, 맛있는 갖가지 음식을 한꺼번에 풍성하게 벌여 놓은 모습과 그 냄새가 그리웠다. 우주왕복선에서 강도 높은 일을 하는 날이면 빈둥거리며 재미난 책을 읽던 시간이 그리웠다. 아내와 아이들이 그리웠다. 그 모든 즐거움을 뒤로 미룬 채 견딜 수 있었던 것은 궤도에서의 과학 연구와 탐사 작업이 얼마나 중요한지 알고 있었기 때문이다. 아련한 그리움 덕분에 지구로의 귀환은 더욱 뜻깊은 일이었다.

30. 우주에서 TV를 볼 수 있나?

미션 관제 센터에서 보내주는 DVD나 디지털 영화를 노트북이나 65인치 스크린으로 볼 수 있다. 저녁에 정기적으로 대형 스크린 앞에 모여 간식이나 음료를 먹으며 영화를 본다. 자유 시간에 볼 수 있도록 스포츠 경기도 전송을 받아 저장해 둔다. 하지만 종일 자유 시간인 주말에는 월드컵 축구나 슈퍼볼, 올림픽 경기 같은 주요 경기를 생방송으로 볼 수 있다.

31. 우주에서 휴대전화를 쓸 수 있나? 쓸 수 없다면 가족들과 어떻게 통신을 하나?

휴대전화는 출력이 약해 궤도에서 약 400킬로미터 아래에 있는 지상의 휴대전화 송신탑을 통해 신호를 주고받을 수가 없다. 그 대신 ISS와 미션 관제 센터에서는 고도 3만 6,000킬로미터 상공에

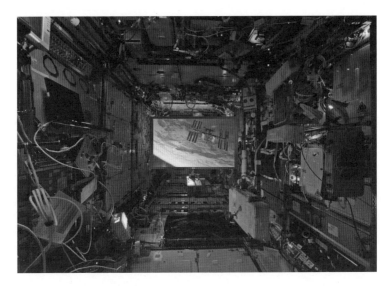

ISS의 데스티니 실험에 있는 1.6미터(65인치) 프로젝션 스크린. (나사 제공)

있는 통신위성을 통해 무선통신과 영상통화를 한다. ISS가 90분에 지구를 한 바퀴 도는 동안 10분 정도는 통신위성들의 송수신 범위에서 벗어난다. 지구가 중간에서 위성들을 가리는 지점들이 있기 때문이다.

그런 통신위성을 통해 ISS의 우주 비행사들은 스카이프Skype와 비슷한 인터넷 전화 소프트웨어가 깔린 노트북으로 지구와 통신을 할 수 있다. 원할 때면 언제든 가족이나 친구, 나사의 동료들에게 전화를 걸 수 있는 것이다. 나는 이 시스템을 이용해 우주왕복선 애틀랜티스호에서 가족에게 전화를 했다. 신호는 아주 또렷했다. 오늘날 ISS의 우주 비행사들은 미션 관제 센터와 무선으로 통신을 할 뿐만 아니라, 이메일을 보내고, 페이스북 페이지를 업데이트하는 등 각종 SNS에 접속할 수 있다.

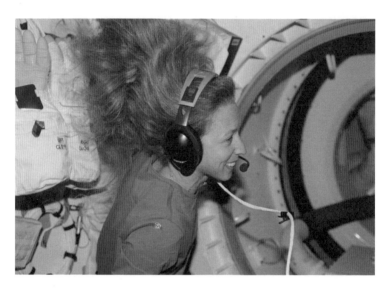

마샤 어빈스가 노트북으로 휴대전화를 든 지상의 가족과 통화하고 있다. (나사 제공)

32. 우주에 있을 때 무엇이 가장 좋았나?

지구의 모습은 늘 변화무쌍하고 아름답고 감동적이었다. 자유낙
하 상태에서 일하고 생활하며 나는 자유감을 만끽했다. 복잡하고
골치 아픈 면도 있었지만, 언제나 마법을 보는 듯한 기분을 떨칠
수 없었다. 동료들과 우주 경험을 주고받으며, 지상에서든 궤도에
서든 하나의 팀으로 활동하는 시간이 너무나 만족스러웠다. 함께
뭔가 훌륭한 일을 한다는 것이 말이다.

33. 우주 비행사들은 우주에서 생일이나 명절을 어떻게 기념하나?

ISS에서 우주 비행사들은 서로 생일을 축하해 주며 함께 즐긴다.
각국 동료들의 전통 명절에도 마찬가지다. 승무원들은 화물선을

통해 받은 전통 명절 음식이나 장식물을 전시한다. 크리스마스 같은 명절에는 하루를 쉬며 가족들과 영상통화를 한다.

명절이면 화물선을 통해 받은 명절 특식이나 맛있는 음식을 나눠 먹고, 그날에 걸맞은 음악을 들으며 특별 만찬 시간을 갖는 게 보통이다. 미국의 추수감사절에는 방사선 처리한 훈제 칠면조와 열 안정화 처리한 설탕 조림 얌, 러시아의 양파를 곁들인 으깬 감자, 냉동 건조 옥수수빵 스터핑, 버섯을 곁들인 냉동 건조 깍지콩, 열 안정화 처리한 체리-블루베리 코블러 따위를 먹는다.

또한 파티가 끝난 뒤 집에 가져가라고 챙겨 주는 선물 주머니에 든 것과 같은 다채로운 선물과 특별 음식이 화물선의 보너스 음식 컨테이너에 담겨 온다. 거기엔 비디오, 게임, 공책, 초콜릿이나 크

엑스퍼디션 42 미션 도중인 2014년 12월, ISS의 데스티니 실험실에서 사만다 크리스토포레티(이탈리아 출신)가 크리스마스 장식을 하고 있다. (나사 제공)

리스마스 캔디케인 같은 인기 간식도 들어 있다.

생일에도 특별 만찬을 연다. 조촐한 선물이나 좋아하는 음식, 축하 카드나 영상 메시지가 집에서 온다. 덤으로 미션 관제 센터에서 생일을 맞은 우주 비행사에게 생일 축하 노래를 불러 주는 것으로 알려져 있다.

34. 우주에서 글씨를 쓰거나 자판을 두드리는 게 어렵지는 않나?

ISS의 실험실과 개인 숙소에 높이 조절이 가능한 노트북용 탁상이 있어서 자판을 사용하는 데 따른 어려움은 없다.

우주왕복선에서는 노트북 가까이 몸을 고정시키거나 자판에 편안히 손을 얹고 있기가 어려웠다. 그러니 한두 문장 타이핑하는 것

우주왕복선 STS-59 미션 도중 인데버호에서 노트북에 관측 자료를 입력하는 저자. (나사 제공)

도 호락호락하지 않았다. 손도 펜도 메모장도 둥둥 떠 있어서 손
글씨는 삐뚤빼뚤할 수밖에 없었다. 자세한 메모를 할 일이 있으면
작은 녹음기에 구술을 해서 지구에 귀환한 뒤 옮겨 적곤 했다.

35. 우주 여행자들은 궤도에서 어떤 경험을 하게 될까?

궤도 여행객들은 지구를 떠나 민간 우주정거장에서 며칠을 보내
게 될 것이다. 지구의 장관도 구경하고, 자유낙하 상태에서 살아
보는 새로운 경험을 하게 될 것이다. 원하는 식단을 선택해서 벽이
나 천장에 붙어서 식사를 해 볼 수도 있다. 우주정거장에는 자유낙
하 체조를 할 수 있는 여유 공간이 있을 것이다. 좁은 칸막이 방에
서 자거나 침낭에 들어가 둥둥 떠서 자 볼 기회도 있을 것이다.

여행객이 우주 비행사와 가장 크게 다른 점은 하루 16시간 일을
할 필요가 없다는 것이다. 공통점이 있다면, 발사와 재진입, 궤도
경험을 결코 잊지 못할 거라는 점이다.

지질학자 우주 비행사 해리슨 잭 슈미트가 마지막 유인 달 탐사 미션인 1972년 아폴로 17 미션 도중 달 샘플을 채취하고 있다. (나사 제공)

1. 우주 비행사들은 우주에서 어떤 일을 하나?

우주 비행사는 만물박사나 다름없이 시시콜콜한 모든 일을 잘할 수 있도록 훈련받는다. 국제우주정거장[ISS]에 배속된 우주 비행사는 우주왕복선을 조종해서 ISS까지 가거나 지구로 귀환하고, ISS에서 의료 실험을 하고, ISS를 유지 보수하고, 실험실 연구를 하고, 새로운 장비를 설치하고, 우주유영을 한다.

궤도에서 나는 레이더 영상 장치 기사였고, 우주왕복선 비행 엔지니어이자 실험실 기술자, 컴퓨터 네트워크 관리자, 우주 랑데부

ISS의 자리야 모듈에서 아이맥스 카메라 조명 장비를 설치 중인 저자. (나사 제공)

전문가, 도킹 시스템 전문가, 우주 화물 취급자, 지구 관측자 겸 사진작가, 사진과 비디오 촬영 감독, 아이맥스 카메라 기사, 요리사, 그리고 우주선 관리인이었다.

2. ISS의 하루 일과는?

전형적인 하루 일과는 다음과 같다.

- **06:00**   승무원들 기상. 세면, 아침 식사, 미션 관제 센터에서 간밤에 보낸 메시지와 뉴스 일독.
- **07:30**   아침 회의. 당일 예정된 활동을 시작하기 전, 미국과 러시아의 미션 관제 센터와 동시 통신.
- **07:55**   업무 준비, 업무 절차 점검, 당일 활동에 필요한 장비 준비.
- **08:15**   업무 개시. 과학 실험, 선상 장비와 시스템 유지 보수, 다른 우주선 방문 대비, 화물 저장, 우주정거장 환경 샘플링(소음 수준 기록, 표면과 물속 세균 채취), 우주정거장 활동에 대해 미디어와 인터뷰 수행 등의 활동.
- **13:00**   점심 식사.
- **15:00**   업무 재개.
- **18:15**   다음 날 업무 준비. 업무 절차와 계획 검토.
- **19:05**   저녁 회의. 관제 센터와 당일 업무 논의, 필요할 경우 다음 날 계획 수정.
- **19:30**   저녁 식사, 휴식, 이메일, 지구로 보낼 영상 정리, 가족과 통화, 지구 구경!
- **21:30**   취침(8시간 30분 수면).

우주 비행사 서니타 윌리엄스가 데스티니 실험실에서 ISS 비행 계획서를 점검하고 있다. (나사 제공)

3. 우주 비행사들은 매일 무슨 일을 해야 할지 어떻게 아나?

날마다 미션 관제 센터에서 ISS 승무원들에게 비행 계획서를 보내는데, 거기에 각 승무원들이 할 일이 기록돼 있다. 승무원의 노트

북으로 무선송신되는 비행 계획서는 아주 구체적이다. 근무일에
어떤 활동을 할지 15분 단위로 상세히 기술되어 있다.

우주정거장의 방향 전환, 도착한 보급선 도킹, 우주유영 시작과 같
은 중요 과제는 우선권을 갖는다. 우주 비행사는 ISS에서 약 6개월
을 지내기 때문에, 우선순위에서 밀려서 완료되지 않은 일은 다음
날이나 다음 주 계획에 다시 포함되기도 한다. 계획보다 일찍 일
을 마치면, 언젠가는 해야 하지만 급하게 할 필요는 없는 과제가
담긴 '일 보따리job jar'에서 하나를 선택해 처리할 수 있다.

4. 우주 비행사들은 자신의 비행 계획서 결정에 동참하나?

그렇다. 매일 아침과 저녁에 미션 관제 센터와 회의를 하며 그날
업무와 다음 날 계획을 논의한다. 비행 관제사들은 다음 날 우선
순위를 검토하고, 우주 비행사들은 해당 과제를 어떻게 하면 더
효율적으로 수행할지 제안한다. 때로는 우주정거장의 상황 변화
에 따라 당일 비행 계획이 업무 도중 수정되기도 한다.

이러한 정기적인 대화는 모두가 동참함으로써 착오를 최소화하
고자 한다. 원활한 의사소통은 비행 관제사와 우주 비행사 사이의
팀워크 효율을 높인다.

5. 우주 비행사들은 우주에서 보내는 시간을 기록 관리하나?

우주에서 생활하고 작업을 할 때는 시간 기록 관리를 하는 것이
아주 중요하다. 주요한 우주 과제나 연구 실험을 계획대로 완수하
느냐 못 하느냐에 따라 미션의 성패가 달려 있다. 우주 비행사들
은 지구 저궤도에 있는 동안 하루 16회의 일출과 일몰을 경험하기

때문에, 하늘에 뜬 태양의 위치로 시간을 헤아릴 수는 없다. 먼 우주 미션의 경우에는 별들을 배경으로 한 태양의 움직임이 너무 느리기 때문에 태양을 봐서는 역시 시간을 알 수 없다.

우주에서의 일일 계획은 태양시 대신 협정 표준시를 토대로 한다. 우주 비행사들은 이 협정 표준시에 자기 시계와 컴퓨터 시계를 맞춘다.

우주왕복선 비행 도중에는 시간을 다르게 관리한다. '미션 경과 시간'으로 관리를 하는 것이다. 즉 이륙과 함께 미션 시계가 작동해서, 이후 몇 분, 몇 시간, 며칠이 지났는가를 기록 관리한다. 내 경우 디지털시계는 미션 경과 시간에 맞추고, 손목시계 바늘은 내 가족과 관제 센터가 있는 휴스턴의 시간에 맞추었다.

6. 우주 비행사들은 궤도에서 언제든 미션 관제 센터와 통신할 수 있나?

ISS의 우주 비행사들은 나사의 지구 정지궤도 통신위성들을 이용해 관제 센터와 통신한다. 추적 데이터 중계 위성TDRS이라고도 하는 이것들은 거의 통신이 끊기지 않을 만큼 아주 높이 떠 있다.

ISS는 이들 위성을 허블 우주 망원경 등과도 공유해야 하기 때문에 통신을 늘 계속할 수는 없다. ISS의 노트북 화면을 보면, 미션 관제 센터와 무선이나 화상 통화가 언제 가능한지 알 수 있다. 궤도를 일주하는 90분 가운데 5분에서 10분 정도는 통신이 끊긴다.

미래의 승무원이 먼 우주로 향할 때는 원거리로 인한 통신 지체가 발생할 것이다. 예를 들어 빛의 속도로 여행하는 전파가 지구에서 달에 이르는 데는 1.5초 가까이 걸린다. 화성까지 가는 편도 신호 전파도 20분 족히 걸려서, 정상적인 대화가 불가능하게 된다.

우주 비행사가 화성에 가면, 지구로 질문을 보내고 답을 듣기까지
40분은 걸린다는 이야기다!

7. 우주선의 책임자는 누구이고, 미션 완수는 누가 책임을 지나?

우주에서, 그리고 미션 관제 센터에서 미션을 성공시키려면 훌륭
한 리더십이 꼭 필요하다. 관제 센터에서는 비행 감독flight director이
미션의 성공과 전반적인 안전을 책임진다. 발사 전 승무원들과 함
께 작업하는 비행 제어 팀은 미션 완수를 위한, 안전하고 실질적
인 계획을 짠다. 우주선 사령관은 계획이 안전하고 적절하게 실행
되도록 팀을 이끈다. 우주에서의 결단은 간발의 차이로 사느냐 죽
느냐가 갈릴 수 있다. 즉각적인 안전 조치에 궁극적으로 책임을
지는 것이 바로 우주선 사령관이다.

8. 우주 비행사들이 논쟁을 하거나 다투기도 하나?

우주 비행사들 사이에서도 당연히 이따금 의견 충돌이 생긴다. 아
주 긴밀한 동료들 사이에서도 그렇다. 장기간 우주 미션을 수행하
는 동료 승무원들끼리는 서로 사이좋게 지내는 것이 특히 중요하
다. 달리 도와줄 사람이 없이, 좁은 공간에서 함께 지내며 오랜 항
해를 하는 동료 승무원 사이에 심각한 갈등이 이는 것은 누구도
원치 않는다.

발사 전에 그런 갈등을 최소화하기 위해, 교관들과 관리 책임자들
은 훈련 도중 장기 미션 승무원들이 서로 얼마나 사이좋게 지내
는가를 면밀히 관찰한다. 성격 차이로 인해 심각한 갈등이 일어날
경우에는 승무원을 교체할 수도 있다.

우주 승무원들이 서로 잘 지낼 수 있는 몇 가지 중요한 성격 특성
이 있다. 내향적이지만도 않고 외향적이지만도 않는 성격으로, 혼
자 일하든 함께 일하든 항상 편하게 일할 수 있어야 한다. 우주 비
행사라면 타인과의 차이를 인정하면서도 기꺼이 함께 일할 수 있
어야 한다. 장기 엑스퍼디션 미션 때는 유머 감각도 중요하다. 또
미션 완수를 위해서는 결단력 있는 사령관이 필요하다고 나는 믿
는다. 여러 의견을 환영하면서도 최종 결단을 망설이지 않는 사령
관 말이다.

9. 우주 작업 도중 실수도 하나?

인간은 완벽하지 않아서 실수를 하게 마련이다. 다행히 미션 관제
센터 역시 인간이 운영한다. 관제사들은 누구나 실수를 한다는 것
을 이해한다. 실수를 한 당사자는 동료 승무원들과 지상 관제사에
게 그 사실을 알린다. 동료들은 실수를 바로잡기 위해 어떤 조치
를 취해야 할지 제안함으로써 실수를 만회하도록 돕는다. 함께 일
하면서 모두가 늘 공개적으로 의사소통을 함으로써 실수와 착오
를 최소화한다. 걱정할 것 없다. 도움은 늘 가까이 있다.

10. 우주 비행사들은 우주선 고장을 수리할 수 있나?

그렇다. 우리는 ISS에서 수리를 할 수 있다. 우주정거장에는 온갖
도구와 여분의 부품이 마련되어 있다. 렌치와 드라이버부터, 냉각
액 펌프와 태양전지판 전압 조정기 같은 완벽한 ISS 부대 장치까
지 거의 없는 게 없다.
ISS 미션 도중, 우주유영 파트너인 밥 커빔과 나는 데스티니 실험

ISS의 찢어진 태양전지판을 수리한 두 우주 비행사 가운데 한 명인 스콧 파라진스키.
(나사 제공)

실에 공급되는 냉각액 관에서 역겨운 암모니아가 누출되는 것을
수리할 수 있었다. 밥은 재빨리 밸브를 잠가서 누출을 막았다. 우
리는 함께 일함으로써 관을 교체하고 문제를 해결할 수 있었다.

2007년에 우주정거장을 수리한 유명한 일화가 있다. 두 명의 우
주 비행사가 7시간 19분 동안 우주유영을 한 끝에 찢어진 태양전
지판을 성공적으로 수리한 것이다. 그들은 여분의 철사와 테이프,
알루미늄 띠를 이용해서 찢어진 태양전지판을 튼튼하게 엮어서
수리할 수 있었다.

11. ISS의 공구함에는 무엇이 들어 있나?

너무나 다양하고 아주 잘 정리된 수리 도구가 들어 있다. 가정에

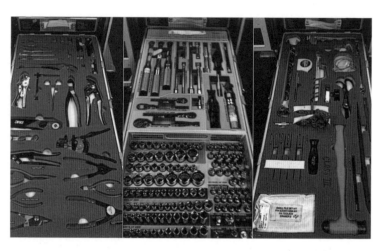

나사의 지상 훈련을 위한 ISS 모형에 준비되어 있는 여러 공구 상자. (나사 제공)

서 자가 수리를 하는 사람이라면 누구나 탐낼 만한 것이다. 도구의 예를 들면, 바이스 그립, 각종 집게붙이, 소켓 세트(드릴 부착 공구), 너트 드라이버, 검사 거울, 줄자, 양철 가위, 무선 드릴, 드릴날, 납볼 망치(자유낙하 상태에서 무반동), 쇠 지렛대, 광섬유 내시경, 토크 드라이버, 스크루드라이버, 구멍 스패너, 줄톱, 활톱, 핀셋, 와이어 스트리퍼, 케이블 절단기, 죔쇠, 긴 손잡이 겸자, 줄칼, 전기 접지 스트랩, 몽키 렌치, 손전등, 헤드 랜턴, 안전 고글, 절연 테이프, 멀티미터 등.

수평을 재는 기포 수준기는 없다. 궤도에서는 자유낙하 상태라 위아래도 없고 수평도 없다. 뭔가 필요한 연장이 있었다면, ISS 우주 비행사가 3D 프린터로 새 연장을 만들어 이미 시험해 보았을 것이다. 아, 강력 접착테이프는 워낙 자주 쓰이기 때문에 별도의 보관함이 있을 정도다.

12. 우주정거장에서 가장 위험한 일은 무엇인가?

우주유영을 하며 내가 수행한 가장 보람찬 일은 가장 위험한 일이
기도 했다. 미국의 데스티니 실험실을 설치하기 위해 ISS 밖에서
우주유영을 하면서 나는 8~10시간 동안 계속 우주복을 입고 작업
을 했다. 우주유영 파트너인 밥 커빔과 함께, 강렬한 태양열에 노
출되거나, 지구가 밤일 때 뼈를 에이는 추위에 노출된 채, 치명적
인 진공상태에서 작업을 했다. 우주복이 손상되거나, 우주복 장비
를 잘못 조작했다가는 몇 초 만에 절명할 수도 있었다.

딱딱한 우주복을 입고 ISS 주위를 돌아다니며 몇 시간 내내 투박
한 장갑을 낀 상태로 연장을 다루며 작업을 하는 것은 육체적으로
여간 고된 일이 아니다. 정신적인 압박감 역시 심하다. 실수로 ISS
장비를 망가뜨리기라도 하면 수리하는 데 수백만 달러가 들 수 있

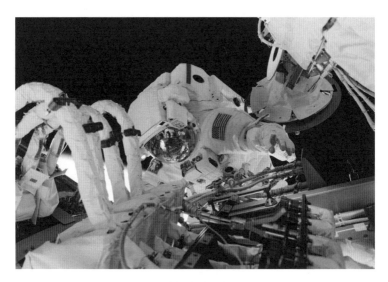

ISS의 데스티니 실험실로 동력 케이블을 연결하고 있는 저자. (나사 제공)

고, 과학 연구 미션을 망칠 수도 있다. 그러니 실수하지 않도록 몇 시간씩 계속 작업에 집중해야 했다. 신체적으로 위험한 고강도 작업을 하면서도 바깥에서 작업하는 것은 역설적으로 너무나 즐거웠다. 그래서 우주유영은 가장 위험한 일이면서 동시에 가장 멋진 일이라고 할 수 있다.

13. 미션을 마치고 지구로 귀환한 후 언제 다시 우주로 갈 수 있나?

나사 우주 비행사들은 ISS 엑스퍼디션들 사이에 평균 5년을 대기한다. 우주에서 돌아온 우주 비행사들은 경험과 노하우를 전수해 달라는 요청을 받는다. 미래의 미션 계획을 세우고 다른 승무원들을 훈련하고, 새 우주선을 개발하는 데 도움이 되는 경험과 노하우 말이다. 그리고 다시 우주정거장으로 향하기 전에 2년 반 동안 새로 훈련을 받는다.

14. 우주의 어디까지 가 보았나?

달에 가 보았느냐는 질문을 종종 받지만, 내가 우주 비행사가 된 것은 이미 오래전에 아폴로 달 표면 탐사가 끝난 뒤였다. 나는 지구에서 가까운 저궤도 여행을 했다. 지표에서 가까이는 160킬로미터, 멀게는 2,000킬로미터 떨어진 곳까지 갔다.

내가 ISS에 가 있을 때의 고도는 356킬로미터(220마일) 정도였다. 아폴로 달 탐험가들은 그보다 1,000배는 더 멀리까지 갔다. 대통령과 의회의 지지에 힘입어 개발 중인 우주발사장치와 오리온호는 우주 비행사를 싣고 지구 저궤도를 떠나 달 주위를 돌고, 소행성까지, 그리고 화성까지 날아갈 것이다.

나사 우주 비행사 랜디 브레스닉이 CST-100 스타라이너 우주선 모형에 들어갈 준비를 하고 있다. (나사 제공)

15. 지상의 직종 가운데 우주 비행사가 우주에서 하는 일과 비슷한 일이 있나?

우주 비행사들은 우주 미션을 성공적으로 완수하기 위해 온갖 기술을 익힐 뿐만 아니라, 그 모든 것을 능숙하게 할 줄 알아야 한다. 우주에서 하는 일과 비슷한 지상의 직종으로는 연구 과학자, 실험실 기술자, 조종사, 스쿠버다이버, 기중기 기사, 사진작가, 잡역부, 대중 강연자, 배관공, 전기 기사 등이 있다. 미션을 맡을 때마다 나는 옛 기술을 다시 가다듬고 새 기술을 익혔다. 내가 받은 훈련과 우주에서 수행한 일이 워낙 다양했던 덕분에 우주 비행사 직무가 더욱 흥미진진할 수 있었다.

제 8 장
우주유영

나사 우주 비행사가 약 400킬로미터 고도에 있는 국제우주정거장 밖에서 작업을 하고 있다.
(나사 제공)

1. 우주 비행사가 우주선과 연결된 끈이 풀려 표류하면 어떻게 되나?

나사 우주 비행사가 ISS 밖으로 나갈 때는 세이퍼SAFER라는 구조 장비를 착용해야 한다. 이것은 우주복의 생명 유지 배낭 아래쪽에 달린 소형 제트팩(개인용 분사 추진기)이다. 혹시 표류할 경우 이것을 작동시켜 ISS로 날아서 돌아올 수 있다.

세이퍼에는 24개의 소형 추진기가 달려 있다. 작은 조이스틱을 조작하면 냉각 질소 가스를 분사할 수 있다. 표류할 경우 우주 비행사는 조이스틱을 우주복 앞쪽으로 돌리고 제트팩 전원을 켠다. 세이퍼에 달린 컴퓨터가 작동해 자동으로 우주 비행사의 자세를 안정시키면, 추진기를 잠깐씩 분사시켜 ISS로 돌아올 수 있다. 일단 ISS에 도착하면 ISS 외부의 핸드레일을 잡고 기밀실로 들어간다.

세이퍼의 분사 가스는 양이 많지 않아 핸드레일을 잡을 수 있는 기회가 한 번밖에 없을 수도 있다. 그래서 안전지대로 돌아오는 데 필요한 비행 기술을 숙달하기 위해 가상현실 시뮬레이터로 자주 훈련을 한다. 세이퍼는 우주에서 테스트를 거쳤지만, 궤도상의 우주 비행사가 실제 구조용으로 사용한 적은 한 번도 없다.

2. 우주복에 구멍이 생기면 어떻게 되나?

심각한 비상사태다. 우주복 내부의 산소 압력이 떨어지면 우주 비행사는 의식을 잃고 죽음에 이를 수 있다. 우주복에 구멍이 생겨 산소 압력이 급격히 떨어지면 비상경보가 울린다. 그러면 안전지대인 기밀실로 즉각 돌아가야 한다.

우주 비행사가 기밀실로 가는 도중에는 우주복의 생명 유지 배낭을 통해 산소가 보충된다. 그래서 유실된 산소를 대신해 압력을

우주왕복선 디스커버리호의 STS-64 미션 때, 나사 우주 비행사 마크 리가 ISS와 연결된 끈이 없이 세이퍼 제트팩을 조종하며 시험비행하고 있다. (나사 제공)

일정하게 유지할 수 있다. 연필심 크기의 구멍으로 산소가 유실될 경우, 배낭의 비상 산소 탱크로 견딜 수 있는 시간은 30분 정도다. 30분이면 충분하다. 기밀실에 도착해 ISS의 산소 공급선을 우주복에 연결시키고, 동료 승무원의 도움을 받아 비상사태를 종결시키기까지 말이다.

엔지니어들은 우주선 외피를 설계할 때 뾰족하고 날카로운 부분을 최소화한다. 그래야 우주복에 구멍이 생기는 것을 막을 수 있다.

3. 우주복을 입고 밖에 나가 바라본 경관과 ISS 창문으로 바라본 경관이 서로 다르진 않나?

우주복 헬멧의 바이저는 우주 비행사의 얼굴을 둥글게 감싸고 있어서 지구의 멋진 모습을 한눈에 볼 수 있다. 이때 나는 지구를 바라보는 관찰자가 아니라 풍경의 일부가 된 기분이었다. 그러나 우주유영을 하는 비행사들은 할 일이 많아 장관을 마음껏 즐길 겨를이 없다. 나는 우주유영을 하며 임무를 처리하는 도중 짬을 내서 고작 5분 정도 우주를 둘러보았지만, 그것만으로도 평생 잊을 수 없는 경험을 했다.

ISS 안에서 전망이 가장 좋은 곳은 트랭퀼리티 모듈의 큐폴라다. 이곳의 전망 창 일곱 개를 통해 지구의 멋진 풍경을 감상할 수 있다. 여기서 ISS 승무원들은 다양한 35밀리미터 디지털카메라와 각종 렌즈, 비디오카메라로 지구 최고의 풍경을 포착할 수 있다.

4. 왜 우주유영을 EVA라고 하나?

나사에서는 아폴로 계획 때 우주 비행사들이 우주선 밖으로 나가

달 표면을 탐사하는 활동을 일컫는 용어가 필요했다. 그래서 '우주
선 바깥 활동Extravehicular Activity, EVA'이라는 말을 만들게 되었다.

나사 엔지니어들은 뭔가를 설명하는 기술적 용어를 만든 뒤 약
어나 머리글자로 축약하기를 좋아한다. 그래서 위 용어도 즉각
EVA(미국식으로는 '이비에이'라고 발음한다)로 줄였다.

EVA는 나사에서 흔히 사용하는 용어가 되었다. 이후 미국과 소련
의 우주개발 경쟁에 관한 기사를 쓰는 기자들도 EVA라는 말을 쓰
게 되었다. '우주유영spacewalk'이라고 하면 '우주선 바깥 활동'보다
짧지만, EVA는 더 짧기 때문이다.

5. 우주복은 왜 필요한가?

우주는 진공 상태다. ISS의 궤도나 먼 우주에는 공기 분자가 아주
희박하다는 뜻이다. 우주복 안에 가슴을 압박하는 공기가 없으면
폐 안의 공기가 팽창해서 폐가 파열하고, 산소 결핍으로 몇 초 안
에 의식을 잃게 된다. 산소가 고갈되면 이내 사망한다. 폐와 혈류
에 용해되어 있는 기체가 줄어들면 기압이 떨어져서 체액이 기포
를 일으키며 끓게 된다. 아, 그리고 태양열에 바짝 타 버리거나, 추
워서 얼어붙을 것이다. 우주유영을 할 때는 우주복에 목숨이 달려
있다!

6. ISS에서 사용하는 나사 우주복은 주로 무엇으로 구성되어 있나?

나사 우주 비행사들은 선외 활동용 우주복Extravehicular Mobility Unit,
EMU이란 것을 사용한다. 주요 구성을 살펴보면, 생명 유지 배낭(정
식 이름은 '주 생명 유지 장비'), 딱딱한 상부 토르소, 조립 상완, 장갑,

흉부 장착 디스플레이, 조종 모듈, 조립 하부 토르소, 우주복 내부 음료 주머니, 조립 휴대 통신기(헤드폰과 마이크), 조립 헬멧, 액체 냉각 환기복, 성인 기저귀와 유사한 최대 흡수복 등이 있다. 러시아 우주 비행사들은 ISS 바깥에서 작업할 때 미국과 유사한 오를란orlan(물수리) 우주복이라는 것을 입는다.

7. 우주복은 어떻게 우주 비행사를 보호하나?

우주복은 여러 겹으로 되어 있어서 혹독한 환경에서도 우주 비행사를 보호한다. 우주 비행사는 맨몸에 기저귀와 내복을 입고 면양말을 신고 실크 장갑을 낀다. 이 속옷 위에 액체 냉각 환기복Liquid Cooling and Ventilation Garment, LCVG을 입는데, 이것은 관을 따라 물이 순환하면서 우주 비행사의 체온을 식혀 준다.

우주복의 팔과 다리 부분은 열네 겹으로 되어 있다. 맨 안쪽의 세 겹이 LCVG이고, 그다음은 우레탄 코팅 나일론 옥스퍼드 직물(주로 셔츠를 만드는 데 쓰는 두꺼운 면직물)로 만든 압력 공기주머니로, 산소가 새지 않게 하고, 치명적인 우주 진공 상태에 피부가 노출되는 것을 막아 준다. 그다음에 데이크론 압력 내피 덮개가 있어서 압력 공기주머니가 바깥으로 불룩해지는 것을 막는다. 그다음의 네오프렌 코팅 립스톱 나일론은 생명 유지에 필수적인 압력 공기주머니가 까칠한 것에 쓸려서 터지는 것을 막아 준다. 그 바깥에는 5~7겹으로 된 알루미늄 처리 마일러라는 금속 박막 플라스틱이 있어서, 낮 시간에는 태양열을 차단하고, 추운 밤에는 보온 기능을 한다.

우주복의 가장 바깥은 고어텍스로 강화한 오르토/케블라로 만든,

우주왕복선 선외 활동용 우주복

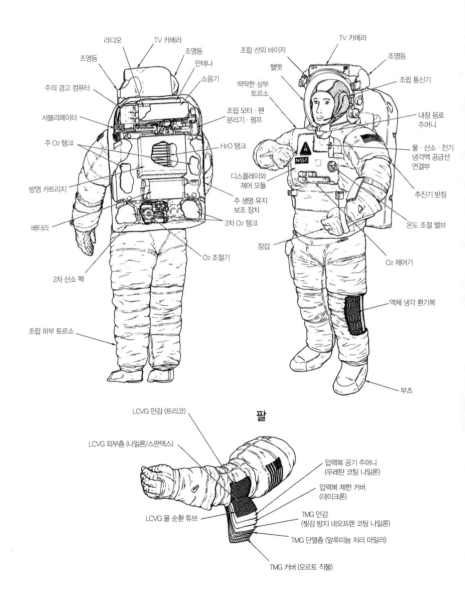

라디오
TV 카메라
조명등
안테나
조명등
소음기
주의 경고 컴퓨터
서블리메이터
주 O₂ 탱크
방염 카트리지
배터리
2차 산소 팩
조립 하부 토르스

H_2O 탱크
조립 모터 · 팬 · 분리기 · 펌프
디스플레이와 제어 모듈
주 생명 유지 보조 장치
2차 O₂ 탱크
O₂ 조절기

TV 카메라
조립 선외 바이저
헬멧
딱딱한 상부 토르스
조명등
조립 통신기
내장 음료 주머니
물 · 산소 · 전기 냉각액 공급선 연결부
추진기 받침
온도 조절 밸브
장갑
O₂ 제어기
액체 냉각 환기복
부츠

팔

LCVG 안감 (트리코)
LCVG 외부층 (나일론/스판덱스)
LCVG 물 순환 튜브
압력복 공기 주머니 (우레탄 코팅 나일론)
압력복 제한 커버 (데이크론)
TMG 안감 (찢김 방지 네오프렌 코팅 나일론)
TMG 단열층 (알루미늄 처리 마일러)
TMG 커버 (오르토 직물)

ISS에서 사용하는 나사 우주복의 주요 구성 (나사 제공)

질긴 열 미소 유성체 차폐복Thermal Micrometeoroid Garment, TMG으로 되어 있다. 이것은 작은 우주 쓰레기와 미소 유성체로부터 우주 비행사를 보호해 준다. 마지막으로, 헬멧 바이저는 얇은 도금 처리를 하여 강력한 태양광선 60퍼센트와 태양열 99퍼센트를 반사시킨다. 배터리로 작동하는 히터는 얇은 실리콘으로 된 장갑의 손가락 패드를 데워 차가운 금속성 장비와 우주선 구조물로부터 손가락을 보호한다.

8. 생명 유지 배낭에는 어떤 보급품과 장비가 들어 있나?

주 생명 유지 장비Primary Life Support System, 곧 PLSS('플리스'라고 읽는다)는 거의 10시간 동안 우주 비행사의 생명을 지켜 준다. PLSS에는 주 고압 산소 탱크와 비상용 산소가 갖춰져 있다.

우주 비행사의 체온을 낮추기 위해서는, 압축 탱크에서 다공성 금속판으로 물을 집어넣는다. 이것을 외부 진공 상태에 노출시키면 얼음판으로 얼어붙는다. 이 얼음판 안의 튜브로 별도의 물을 주입하면, 우주 비행사의 액체 냉각 환기복 안감의 가는 관으로 차가운 물이 순환한다.

PLSS 안의 금속성 산화물 카트리지는 우주 비행사가 내뿜은 이산화탄소를 화학적으로 흡수한다. 물 펌프와 환기 팬, 무선 신호, 우주복의 이상을 감지하는 주의 경보 시스템 등은 충전 가능한 배터리로 작동한다. 장갑 히터와 비디오카메라는 별도의 배터리를 쓴다. 산소와 물, 배터리는 ISS의 기밀실에서 보충할 수 있다.

또한 배낭의 세이퍼로는 우주 비행사가 ISS와 연결이 끊긴 채 표류할 경우 제트팩을 가동해 자가 구조를 할 수 있다.

9. 우주 비행사는 우주유영을 왜 하나?

오늘날 우주 비행사는 ISS의 유지 보수를 위해 우주유영을 한다. 우주선을 긴급 수리할 때도 마찬가지다.

ISS를 건설하기 위한 우주유영 횟수는 169회에 이른다. 허블 우주 망원경을 수리하고 업그레이드하기 위해 우주왕복선 비행사 팀들도 선외 활동EVA, 곧 우주유영을 했다. 한번은 우주왕복선 비행사 세 명이 손상된 인공위성을 직접 손으로 잡기 위해 우주복을 차려입고 나선 적도 있다.

월면 보행moonwalks은 현장 지질학 훈련을 받은 아폴로 우주 비행사들이 또 다른 세계의 표면을 탐험한 방법이었다. 아폴로 우주 비행사들은 6회의 달 착륙 미션 도중 14회의 월면 보행을 했다. 미래의 우주 비행사들도 달과 주변 소행성, 그리고 마침내 화성을 탐사하기 위해 다시 EVA를 하게 될 것이다.

10. 우주선 바깥에서는 어떻게 움직였나?

우주유영은 손끝으로 하는 발레와 같다. 궤도의 자유낙하 상태에서는 물체가 전혀 무게가 없는 것처럼 움직인다. 이 때문에 덩치가 크고 불편한 우주복이라도 손쉽게 움직일 수 있다. 제대로만 움직인다면 말이다.

나는 우주선에서 벗어날 때 우주복과 장비가 핸드레일과 기계 장치에 걸리지 않도록 신경을 썼다. 핸드레일에서 다음 레일로 옮겨 갈 때는 손을 써서 천천히 조심스레 유영했다. 유영을 할 때는 힘을 아끼기 위해 무엇이든 아주 가볍게 쥔다. 6~7시간 연속으로 선외 활동을 하며 손과 팔, 어깨 근육을 혹사해야 하기 때문이다.

뉴턴의 제3법칙대로, 자유낙하 상태에서는 모든 동작이 반대 방향으로의 동일한 동작, 곧 반작용을 발생시킨다. 몸을 고정하지 않은 채 렌치를 돌리면 몸이 반대 방향으로 돌아갈 것이다. 손가락으로 버튼을 누르면 버튼은 그와 동일한 힘으로 손가락을 밀어낼 것이다. 그러므로 끈과 핸드레일을 이용해 천천히 조심스레 움직이는 것이 우주복을 제대로 제어하는 요령이다.

우주복은 무게가 177킬로그램이나 나갔다. 뉴턴의 제1법칙에 따라, 이것을 일단 움직이면 계속해서 움직이려 한다. 그래서 나는 너무 빨리 움직이지 않으려고 조심했다. 안 그러면 운동성이 너무 커져서, 다시 멈추려면 많은 힘이 들기 때문이다. 약간의 연습만으로도 우주복의 움직임은 쉽게 조절할 수 있었다. 덕분에 선외 활동을 하는 동안 근육 에너지를 그리 낭비하지 않을 수 있었다.

ISS 바깥에서 움직이는 가장 쉽고 재미난 방법은 히치하이킹을 하듯 로봇 팔에 올라타는 것이다. 발을 고리에 끼워 넣고만 있으면, 로봇 팔이 다음 작업장으로 나를 이동시키는 동안 장엄한 우주 경관을 느긋하게 감상할 수 있었다.

11. 우주 비행사가 우주유영을 하는 동안 ISS에서 추락하지 않는 이유는 무엇인가?

우주유영을 하는 우주 비행사도, 궤도를 도는 ISS도 자유낙하 상태에 있기는 마찬가지다. 모두가 지구의 중력이라는 유일한 힘의 영향을 받아 동일한 속도로 함께 자유낙하를 한다.

우주 비행사와 ISS가 초속 8킬로미터에 가까운 빠른 속도로 함께 낙하하지만, 그래도 둘을 분리시킬 다른 커다란 힘은 존재하지 않

우주유영에 나서서 ISS의 로봇 팔에 올라탄 스티브 로빈슨. (나사 제공)

는다. 우주유영은 본질적으로 우주정거장과 함께 떨어지는 것이 므로, 서로 분리된다 해도 둘은 계속 함께 있는 상태로 떨어지게 된다.

나는 ISS 외부에서 작업하는 동안 한 번도 낙하하는 느낌을 받은 적이 없다. 그보다는 지구 둘레를 순항하는, 아주 견고하고 안정 적인 선박의 표면 위를 기어 다니는 느낌이 들었다. 내 밑으로 지 구가 움직이는 모습이 보였지만 속도감은 전혀 느낄 수 없었다. 진 공 상태에서는 스쳐 지나가는 바람 소리도 없고, ISS가 우주를 가 로지르며 만들어 내는 진동도 전혀 없다. 머리로는 내가 시속 2만 8,350킬로미터의 속도로 움직이고 있다는 사실을 알고 있었지만, 두 눈과 귀의 정보에 따르면, 그저 손가락으로 붙들고 있는 우주정거장과 함께 조용히 미끄러져 가는 기분이었다.

12. 우주 비행사들은 우주유영을 할 때 어떤 도구를 갖고 다니나?

ISS 외부의 수리나 설치 작업을 하기 위해 특별히 변형시킨 손에 익은 도구들을 갖고 다닌다. 도구의 손잡이는 지구에서 사용하는 것보다 크다. 투박한 장갑을 낀 채 편안히 도구를 잡기 위해서다. 도구가 표류하는 것을 예방하기 위해 도구를 우주복에 잡아매 둘 수 있도록 모든 도구에 고리와 작은 구멍이 나 있다.

허리 밧줄, 우주복 가슴께의 도구 걸이, 왼쪽 고관절 근처에 단단히 묶여 있는 신체 고정 밧줄 따위의 장비도 늘 내 곁에 있었다. 밧줄은 끝에 죔쇠가 달린 유연한 제3의 팔(로봇 팔)처럼 생겼다. 나는 뱀 같은 이 팔을 이용해 내 우주복을 핸드레일에 붙들어 매거나 부피가 큰 장비를 작업장으로 날랐다.

내 우주복에 딸린 다른 도구로 또 이런 것들이 있었다. 조일 수 있게 묶어 둔 밧줄과 손목 밧줄(도구와 우주정거장 장비를 매달기 위한 것), 구리철사(케이블 타이 대용), 니콘 35밀리미터 카메라, 볼트를 죄고 푸는 데 사용하는 핸드 드릴, 핸드 드릴 소켓 헤드, 쓰레기봉투, 건설 장비를 가지고 다니기 위한 여섯 개의 고리가 달린, 직물로 만든 긴 줄(우리는 이것을 꿰미fish stringer라고 부른다) 등. 우주유영을 할 때 나는 철물 행상처럼 보였다!

13. 우주 비행사는 밤에도 우주유영을 할 수 있나?

할 수 있어야 한다. 전체 궤도의 약 절반 정도가 지구 그림자에 가려 있기 때문이다. ISS에는 외부 조명이 설치되어 있지 않다. 우주

비행사들은 헬멧 양쪽의 회전 가능한 할로겐 작업용 램프를 사용
한다. 램프 위쪽의 버튼을 눌러 불을 켜고 끄는데, 포커스 조명과
와이드 조명 중에서 선택할 수 있다. 헬멧 램프 배터리는 우주유
영 후 매번 꺼내서 다시 충전해야 한다.

달밤에 작업하게 될 미래의 월면 보행자들은 종종 달빛 아닌 지
구빛에 의지해 일하기도 할 것이다. 지구에서 반사시킨 햇빛 말이
다. 달에서 바라본 보름지구full Earth는 지구에서 바라본 보름달보
다 90배나 더 밝다.

소행성을 탐사할 우주 비행사들은 성능 좋은 헬멧 조명이 필요할
것이다. 천천히 공전하는 근지구 소행성에서 밤이 되면 몇 시간
동안 계속 칠흑 같은 어둠에 갇힌 채 우주유영을 하게 될 수 있기
때문이다.

14. 우주유영을 하며 우주선 바깥에서 작업하는 것은 재미있나?

줄잡아 11년 동안이나 우주유영 훈련을 받은 후 실제 체험을 하게
된 나는 의욕이 넘쳤다. 우주복을 입고 물속에서 이동하고 도구를
다루는 방법을 익히는 데 들인 시간만도 300시간에 이른다.

우주유영 첫 경험은 낯설고 즐거웠다. 나는 ISS 주변에서 우주복
이라는 작은 우주선을 조종했다! 다행히 대부분의 궤도 임무가 수
중 훈련을 받을 때보다 더 수월했다. 수중 훈련을 받을 때는 15분
동안 고통스럽게 거꾸로 서서 해야만 했던 일을 자유낙하 상태에
서는 5분 만에 간단히 해치울 수 있었다.

헬멧 바이저를 통해 바라본 모습은 매혹적이었다. 오롯이 불을 밝
힌 우주선, 황금빛의 태양전지판, 눈부신 흰색 우주복, 그리고 언

제나 경탄스러운 지구의 모습이라니!

15. 우주복 안은 더운가, 추운가?

우주복 안은 놀랍도록 편안하다. 온도는 우주복 배낭에 내장된 효율적인 냉각 장치로 조절된다. 냉각 장치가 없다면, 단열 처리가 잘된 우주복을 입고 작업하면서 생기는 체열 때문에 이내 녹초가 되고 말 것이다.

우주 비행사가 덥지 않도록, 배낭 장치가 작동해 액체 냉각 환기복 안으로 차가운 물이 순환된다. 수온은 우주복 가슴의 제어장치로 조절할 수 있다.

태양빛은 우주복 표면을 섭씨 121도까지 가열시킨다. 아틀란티스호 기밀실 바깥으로 나오자마자 태양열 때문에 팔다리가 따뜻해지는 것을 느낀 기억이 난다. 하지만 밤에는 온도가 뚝 떨어져서 우주복 바깥으로 서서히 열이 빠져 나간다. 특히 부츠 밑바닥으로 열이 잘 새 나간다. 두꺼운 모직 양말을 신고 우주복의 냉각 장치를 잠깐 꺼 두면 편안하고 따뜻하게 발을 유지할 수 있다.

16. 우주 비행사는 다른 사람의 도움 없이 혼자 우주복을 입고 벗을 수 있나?

ISS의 우주복은 한 손으로 입고 벗을 수 있도록 설계되었다. 하지만 동료가 옆에서 거들어 주면 훨씬 빨리 입고 벗을 수 있다. 도움을 받으면 우주복을 입는 데 30초도 걸리지 않는다. 모든 연결 부위와 밀봉 부위를 점검하고 재점검하는 데 더 오랜 시간이 걸린다. 올바른 연결과 밀봉이야말로 삶과 죽음을 가르는 문제라서 신중을 기해야 한다.

미래 우주복은 배낭에 경첩을 달아 여닫이문처럼 열고 우주복 안으로 들어가거나 나갈 수 있어서 입고 벗기가 더 수월해질 것이다. 이것은 러시아 오를란 우주복의 방식을 개량한 것이다.

17. 우주복은 우주 비행사의 신체 치수에 관계없이 모두 잘 맞나?

ISS에서 입는 나사 우주복은 대부분의 우주 비행사에게 맞도록 만든다. 우주복의 주요 구성품은 우주 비행사의 다양한 신체 치수에 맞게 골라서 조합할 수 있다. 딱딱한 상부 토르소에는 두 가지 치수가 있다. 치수 조절 링을 끼우거나 뺌으로써 다리와 팔 길이를 늘이거나 줄일 수 있다. 발이 작으면 발포 고무를 끼워 넣어 편안하게 치수를 맞춘다. 장갑도 잘 맞아야 한다. 그래서 다양한 손 크기에 맞게 손가락 길이와 손바닥 너비를 조절할 수 있다.

나사에서 가장 키가 작은 우주 비행사는 어깨 높이가 상부 토르소의 팔 베어링 높이와 맞지 않는다. 또 가장 키가 큰 우주 비행사는 상부 토르소의 윗부분에 어깨가 긁혀 아플 수 있다. 나사 우주복 디자이너들은 사이즈별 구성품을 최소화하고 치수는 더욱 폭넓게 조절할 수 있는 새 우주복을 개발하고 있다.

18. 우주복을 입은 채로 먹고 마실 수 있나?

우주유영을 할 때 우주복 가슴 부위 안쪽 벨크로에 부착한 2리터들이 물주머니의 물을 마실 수 있다. 목둘레 링의 바로 위쪽 헬멧 안, 곧 우주 비행사의 입 가까이에 밸브가 달린 대롱이 있다. 이 밸브를 깨물고 물을 빨아 먹는다.

초창기 우주왕복선의 비행사들은 유영을 하며 우주복의 목둘레 링에 부착한 막대 음식―식용 라이스페이퍼로 싼, 얇고 쫄깃한 건조 압축 과일―을 간식으로 먹었다. 고개를 숙여 한입 베어 물고, 다음에 또 먹기 위해 막대 음식을 위로 당겨 놓는다. 맛은 좋았지만 먹고 나면 얼굴에 끈적한 게 묻어서, 그걸 감수하고 먹을 만한 가치가 없었다. 그래서 이후에는 우주유영을 시작하기 전에 아침을 든든히 먹고, 나중에 만족스러운 저녁을 즐기는 것이 최선이라는 결론을 내렸다.

19. 우주복을 입은 채 코를 긁을 수 있나?

우주복은 몸에 꼭 맞기 때문에 우주복 안에서 맨손을 놀려 코를 긁기란 불가능하다. 그래서 나는 3센티미터쯤 되는 작은 발포 고무를 헬멧 목둘레 링의 좌측 턱 쪽에 붙여 놓았다. 우주복 내부 압력이 변하면, 뻣뻣한 이 발포 고무를 콧구멍에 집어넣고 청소를 했다. 코와 턱을 긁는 데도 편리하게 이용할 수 있었다. 아쉽게도 이것이 너무 아래쪽에 있어서 이마를 긁거나 눈물을 닦을 수는 없었다.

20. 우주 비행사는 우주복을 입은 채 볼일을 어떻게 보나?

우주유영을 할 때는 시간이 너무나 소중하다. 화장실을 이용하려고 우주선으로 돌아와 옷을 벗고 또 새로 입느라고 몇 시간을 허비할 수는 없다. 그래서 우주유영을 할 때는 내복 안에 성인용 기저귀를 찬다.

자유낙하 상태에서 액체 오줌을 흡수하는 데는 기저귀가 꼭 필요

하다. 그게 없으면 오줌이 이리저리 퍼져 우주복을 더럽히게 된
다. 자유낙하 상태에서는 모든 것이 둥둥 떠다닌다는 사실을 기억
하라. 기저귀가 없으면 낭패를 보게 된다! 나는 기저귀를 찰까 말
까 망설인 적이 없다. 우주유영을 마치고 나면 기저귀를 비닐봉지
에 넣어 밀봉한 뒤 쓰레기통에 버렸다. 그리고 세균을 제거하기
위해 우주복 내부를 닦았다. 화성 표면을 걷는 데 쓰려고 기저귀
보급품을 화성까지 운송하는 장면을 상상하기는 어렵지만, 아직
은 뾰족한 해결책이 나오지 않은 상태다.

21. 우주복 안에는 어떤 공기가 들어 있나?

질소 80퍼센트와 산소 20퍼센트로 되어 있는 우주정거장 공기와
달리, 우주복 안에서는 순수한 산소만 사용한다. 생명을 유지하는
데는 질소가 필요 없다. 산소 압력이 약 4.3psi(프사이·평방 인치당
파운드)인 상태에서 숨을 쉬면 적혈구 세포가 지구 해수면 높이에
있는 것처럼 행복해한다. 순수 산소를 들이쉬면 생명을 유지할 수
있을 뿐만 아니라, 우주복 내부의 압력을 낮춰, 빵빵하게 부푼 풍
선 상태와 달리 우주복의 유연성이 커진다.

우주복 내부 압력을 4.3psi로 낮추기 전에, 우주 비행사는 최소 90분
간 순수 산소를 들이마신 다음 우주복을 입고 나가야 한다. 이 '사
전 호흡'으로 혈액 속에 용해된 질소 가스가 제거된다. 그래서 우
주복 압력이 떨어지면서 혈액에 생기는 질소 기포로 인한 고통스
러운 감압증을 크게 줄일 수 있다.

우주 비행사는 8~10시간 우주유영을 하며 순수 산소를 들이쉰 뒤
우주정거장으로 돌아온다. 내부로 들어와 헬멧을 벗고, 다음 선외

활동을 하기 전까지 다시 질소와 산소로 호흡한다.

22. 우주복 내부는 조용하나?

우주복 안에서 들리는 소리는, 헬멧 뒤쪽으로 신선한 산소를 불어넣는 고속 소형 팬에서 나는 소리뿐이었다. 우주유영을 하기 직전, 우주복 내부의 산소 압력이 떨어지면서 소음은 점차 작아졌다. 헬멧 내부에서 소리를 전달하는 산소 분자의 수가 적어지자 팬 소음은 속삭이는 소리 정도로 줄었고, 압력이 더 떨어지자 내 목소리조차 나지막하고 점점 더 '아스라하게' 바뀌었다.

외부 진공 상태에서는 소리가 전달되지 않는다. 그러나 우주복의 금속 성분에 수리 도구가 부딪힐 때 '텅' 하는 소리를 분명히 들을 수 있었다. 우주유영을 할 때 한동안 내 숨소리만 들릴 때도 있었다. 그러다 헤드폰으로 들려오는 동료 승무원들의 무전이 적막을 깼다.

23. 우주복을 입으면 어떤 느낌이 드나?

내 경험상 우주복을 입고 있는 것과 가장 비슷한 느낌은 젖은 옷을 입고 물속에서 허우적거리는 느낌이다. 그래도 우주복을 입고 있는 쪽이 훨씬 더 편하다. 머리를 자유롭게 움직일 수 있고 시야도 가리지 않는다. 스쿠버 다이빙과 달리 마우스피스를 끼고 숨을 쉴 필요도 없다.

우주유영 훈련을 할 때 우주복을 입은 채 수백 시간을 보냈다. 그러자 우주복이 제2의 피부처럼 느껴질 정도였다. 우주선 외부에서 작업할 때는 우주복이 너무 편안해서 우주복을 입고 있다는 사

실을 잊어버릴 정도였다. 덕분에 손과 도구, 그리고 내가 수행할
과제에 온전히 집중할 수 있었다.

간혹 손가락이 장갑에 죄이거나 어깨가 우주복 내부에 쓸리는 일
이 있긴 했다. 장갑을 꼭 맞게 끼고, 압박 부위에 몰스킨을 붙이면
피부가 쓸리는 것을 대부분 막을 수 있었다.

24. 우주 비행사와 수리 도구가 ISS에서 벗어나 표류하지 않는 이유는 무엇인가?

우주유영을 하는 우주 비행사를 찍은 텔레비전 화면을 보면 연결
끈이 잘 보이지 않는다. 하지만 연결 끈이 있어서, 우주 비행사와
도구가 우주선이나 우주복에서 멀리 벗어나지 않는다.

우주 비행사는 15미터 길이의 구부릴 수 있는 스테인리스스틸 케
이블로 우주정거장에 몸을 붙들어 맨다. 릴을 우주복 고관절 부
분에 매달고 다른 쪽 끝은 우주정거장 핸드레일에 끼우면 된다.
또 1미터짜리 케블라 끈을 사용해 우주정거장 작업장과 몸을 연
결한다.

도구들은 우주복 가슴 부위에 매단 도구 상자에 담아 확실하게 잠
가 둔다. 나머지 도구들은 짧은 고강도 케블라 끈에 매달거나 구
부릴 수 있는 장비 끈에 걸어 둔다.

25. 우주 비행사는 우주선 밖에서 물건을 잃어버리기도 하나?

장비 분실을 막기 위해 기억해야 하는 가장 중요한 규칙은 "반드
시 묶으라!"는 것이다. 먼저 끈으로 묶기 전에는 어떤 도구나 장비
도 건드려선 안 된다. 도구를 안전하게 상자에 담아 잠그거나 따

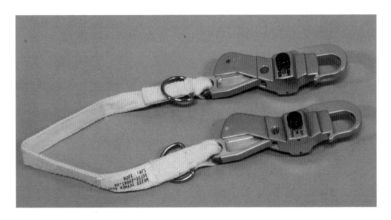

케블라 EVA 팔목 끈. 도구를 우주복이나 ISS에 고정시키는 데 사용한다. (나사 제공)

로 치워 두기 전에는 절대 끈을 제거하지 말아야 한다.

그래도 끈에 달린 고리가 망가지거나, 끈으로 묶는 것을 잊어버릴 때가 있다. 또 우주 비행사가 장비와 부딪혀 잠금 부위나 끈이 풀릴 때도 있다. 1965년 미국의 첫 우주유영 때, 제미니 4호의 해치가 열린 상태에서 헐거워진 겉 장갑이 쑥 빠져 버린 일이 있었다. 당시 ISS의 우주 비행사들은 철사 한 사리와 도구 가방, 발판, 그 밖의 여러 도구를 잃어버렸다.

나와 밥 커빔은 함께 우주유영을 하는 동안 한 번도 물건을 잃어버린 적이 없다. 그러나 한번은 고리가 살짝 벌어져 드릴 소켓 헤드를 담은 상자가 표류하기 시작했다. 하지만 3미터쯤 멀어진 것을 발견한 밥이 가까스로 붙잡을 수 있었다. 우주 비행사의 좋은 습관 하나가 바로 도구를 확실히 고리에 걸고, 고리가 벌어져 있지 않도록 끈을 세게 잡아당기는 것이다.

26. 우주유영을 하다 도구나 장비를 잃어버리면 어떻게 되나?

중요한 EVA 도구를 잃어버릴 경우를 대비해 항상 우주정거장에
여분의 장비를 챙겨 둔다. 표류해서 멀어진 도구는 결국 대기 항력
때문에 더 낮은 궤도로 끌어당겨지고 대기 중에서 소각된다. 필수
품을 분실하면 엔지니어들이 다음번 화물선에 실어 보내 준다.

27. ISS에서 입는 우주복의 무게는 얼마나 되나?

ISS에서 입는 나사 우주복의 무게는 177킬로그램이 넘는다. 우주
비행사의 몸무게를 뺀 무게다. 우리가 우주복을 입으면 250킬로
그램쯤 나가게 된다. 그것과 별도로 선외 작업에 사용되는 고관절
브래킷, 흉부 받침대에 고정시킨 도구와 장비 무게도 18킬로그램
에 이른다. 궤도에서는 이 거창한 우주복을 손가락 하나로도 움직
일 수 있다. 하지만 그 무게와 관성을 생각하면 함부로 이동할 수
가 없다. 우주유영이란 무거운 냉장고를 입고 우주정거장 밖을 돌
아다니는 것과 같다.

28. 우주유영을 하며 해야 할 작업에 대비해 어떤 훈련을 하나?

우주유영과 비슷한 환경을 재현하는 최상의 방법은 중성부력 탱크
속에서 수중 훈련을 하는 것이라고 우리는 알고 있다. 나사 우주
비행사들은 텍사스 휴스턴의 중성부력 실험실에 있는 깊이 12미
터, 용량 2,350만 리터들이 물탱크에서 훈련한다.

물탱크에서는 바닥에 완전히 가라앉거나 수면으로 떠오르는 걸
막기 위해 우주복에 무게를 더하거나 뺀다. 우주 비행사들은 우주
에 있는 것과 같은 수중 상태에서 훈련한다. 이 가상의 무중력 상

우주 비행사 스탠 러브와 스티븐 보웬이 존슨 우주 센터의 중성부력 실험실에서 소행성 탐사 기술을 익히고 있다. (나사 제공)

태에서 우주 비행사는 도구 다루는 법을 익히고, 끈을 연결하고 푸는 연습을 한다. 근력을 낭비하지 않고 효율적으로 우주복을 움직이는 방법도 익힌다. 우주정거장과 우주선을 실물 크기로 재현해 수중에 설치한 모형에서 장차 수행하게 될 유지 보수 작업도 훈련한다.

궤도에서 우주유영을 하기 전, 관제 센터에서는 우주정거장으로 관련 동영상을 미리 전송한다. 실제 작업에 들어가기 전에 선외활동EVA 과정을 미리 살펴보라는 뜻이다.

29. 우주유영은 다른 미션 과제보다 위험한가?

ISS에서 사는 것 자체만으로도 우주 비행사들은 여러 가지 위험에 노출된다. 태양과 혜성의 방사선에 노출될 수 있고, 미소 유성체나 궤도 쓰레기와의 충돌로 모듈에 구멍이 생겨 선실의 압력이 갑자기 떨어질 수도 있다. 우주 비행사는 선외 활동 시, 우주선이라는 보호 구조물을 떠나 우주선 밖으로 나오는데, 기댈 것이라고는 우주복이라는 얇은 직물로 된 소형 압력 공기 주머니뿐이다. 천은 금속만큼 튼튼하지 않다. 구멍이라도 나면 덩치가 훨씬 더 큰 우주정거장보다 더 신속하게 공기가 빠져나간다. 방사선과 열에 대한 보호 기능도 우주복이 우주선보다 못하다. 노출 시간이 짧다 해도 말이다.

또 다른 위험으로, 우주유영을 하는 동안 안전한 피난처로부터 멀리 떨어져 있다는 점을 들 수 있다. 비상사태 시 기밀실로 돌아와 동료 승무원의 도움을 받기까지 몇십 분의 시간이 걸린다.

30. 우주유영 시 유성체와 충돌할 위험은 없나?

소행성과 혜성의 작은 파편, 사람이 버린 우주 쓰레기 조각이 끊임없이 우주를 날아다니고 있어서 우주유영을 하다가 다칠 수 있다. ISS의 대형 모듈 바로 곁에서 작업하면 조금 더 안전할 수 있다. 쓰레기를 막아 주기 때문이다. 케블라로 만든 우주복 외피는 쓰레기 입자가 뚫고 들어오는 것을 막아 준다.

지금까지 미소 유성체나 우주 쓰레기 입자가 우주복이나 생명 유지 장비를 뚫고 들어온 적은 한 번도 없었다. 그러나 우주복 장갑의 실리콘 고무 코팅이 ISS 핸드레일에 부딪치면서 생긴 작은 구멍 때문에 압력이 유출될 뻔한 적은 있었다. 그 장갑은 지구로 보내 수선해야 했다.

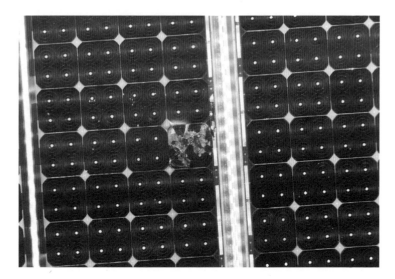

미소 유성체와 우주 쓰레기가 ISS의 태양전지판에 손상을 입히기도 한다. (나사 제공)

31. 우주 비행사가 우주복을 입고 겪은 사고로 어떤 것들이 있나?

2013년 7월, 유럽우주국 우주 비행사 루카 파르미타노가 미국 우주복을 입고 우주유영을 하며 ISS를 수리할 때였다. 그때 헬멧에 산소를 공급하는 관으로 물이 새어 들어왔다. 통신 캡^{cap} 후면에 얇은 수막을 형성한 물방울은 점차 얼굴 쪽으로 퍼지기 시작했다. 축축한 느낌이 난다고 관제 센터에 보고했으나, 루카 본인을 포함한 모든 이가 그것을 땀 아니면 턱 근처의 음료 주머니에서 새어 나온 물로만 여겼다. 이윽고 물방울이 눈과 콧구멍으로 들어가자, 비행 감독은 우주유영을 중단시키고 루카와 파트너를 기밀실로 돌려보냈다. 그동안 루카는 머리를 여러 차례 흔들어 보았지만 물을 털어내지 못했다. 물방울 때문에 앞을 볼 수 없었고, 귀에도 물이 찼다. 자칫 헬멧 안에서 질식하거나 익사할 수도 있었다.

루카의 선외 활동 파트너가 기밀실 안으로 뒤따라 들어와 외부 해
치를 닫았다. ISS 내부 승무원들은 다시 기밀실 기압을 일정하게
유지시켰다. 그들은 즉시 루카의 헬멧을 벗기고 수건으로 얼굴에
묻은 물을 닦아 내는 것으로 비상사태는 종결되었다. 엔지니어들
은 우주정거장의 물에 섞인 미네랄 불순물 때문에 배낭의 수분 분
리기가 막혀서 생긴 사고라고 진단했다. 이후 엔지니어들은 우주
복 수선을 위해 여분의 부품을 ISS로 올려 보냈다.

32. 우주유영을 하면서 어떤 작업을 했나?

우주유영 파트너 밥 커빔과 함께 ISS 확장 건설을 돕기 위해 세 차
례 우주유영을 했다. 우리는 새로운 데스티니 실험실 모듈을 설치
하기 위한 도킹 포트docking port부터 마련했다. 그리고 송전선과 데
이터 케이블, 우주정거장의 냉각 라인을 실험실에 연결했다. 이
어 장차 실험실 외부에 추가 확장을 할 것에 대비한 장치를 달았
다. 새 실험실의 지구 관측용 창 덮개를 벗기고, 우주정거장의 두
번째 도킹 포트를 실험실 전면부와 연결시켰다. 또 냉장고 크기만
한 예비 무선송신기를 우주정거장 트러스에 설치했다. 그리고 마
지막으로, 부상을 당하거나 의식을 잃은 승무원을 기밀실로 데려
오는 방법을 시험했다.

33. 우주왕복선과 ISS 밖에서 얼마나 오랜 시간 머물렀나?

세 차례 우주유영을 하며 밥과 함께 우주정거장 바깥 작업을 하는
데 총 19시간 49분이 걸렸다. 한 번에 가장 오래 선외 활동을 한
시간은 7시간 34분이었다.

우주왕복선 미션 STS-98 도중 ISS 외부에서 작업을 하고 있는 저자. (나사 제공)

34. 우주유영이 힘든 이유는 무엇인가?

우주유영을 위한 우주복은 보호층이 여러 겹으로 되어 있다. 팔과 다리는 열네 겹이나 되어 아주 우람해서 몸을 움직이기조차 어렵다. 게다가 안에 산소까지 채워져서 우주복은 더욱 뻣뻣해진다. 가압이 된 두툼한 장갑 때문에 핸드레일과 도구를 붙잡으면 거의 항상 손가락이 짓눌린다. 상체, 어깨, 팔뚝 근육을 계속해서 써야 하므로 쉽게 지치고 몸도 뜨거워진다.

그런데 실수가 곧 치명적인 결과로 이어질 수 있다는 점 때문에 작업은 극도의 집중을 요한다. 이 모든 요인이 어우러져 우주유영은 가장 힘들면서도 가장 멋지고 뿌듯한 우주 임무 가운데 하나다.

우주정거장의 데스티니 실험실 밖에 있는 우주 비행사 밥 커빔. (나사 제공)

35. 달에서 우주 비행사는 어떻게 움직였나?

달의 약한 중력(지구의 6분의 1) 영향권에서 돌아다니는 가장 쉬운 방법은 캥거루처럼 두 발로 뛰는 것이라고 아폴로 우주 비행사들은 보고했다.

월면 보행을 할 때는 발을 교대로 박차고 나아가면 더 빨리 갈 수 있다. 그러나 중력이 약해서 자칫 너무 빨리 뛰었다가는 멈추기가 힘들게 된다. 몇 차례 땅을 박차면 우주복과 장비가 먼지를 뒤집어쓸 수도 있다.

36. 나사에서는 미래 우주 탐사를 위해 어떤 우주복을 새로 디자인하고 있나?

나사에서는 몇십 년 후의 먼 우주 탐사를 위한 새 우주복 개발에

아폴로 17호 우주 비행사 잭 슈미트가 달 표면을 성큼성큼 걷고 있다. (나사 제공)

이 새 우주복(시험 제작본)은 진공 및 저중력 상태에서(왼쪽 사진), 그리고 달과 화성 표면에서(오른쪽 사진) 작업하기 위한 것이다. (나사 제공)

착수했다. 새 우주선 오리온호의 비행사들은 발사와 재진입 때 우주왕복선의 우주복을 개량한 고등 승무원 탈출복MACES이라는 것을 입게 될 것이다. 비상 수리를 위한 우주유영 시에도 MACES를 사용할 수 있지만, 이건 원래 유영 목적으로 설계한 것이 아니다. 나사에서는 2020년 소행성 바위 탐사용으로, 고등 생명 유지 배낭과 더 좋은 장갑을 갖춘 MACES를 연구 개발하고 있다. 또한 더나아가 결국 달과 소행성까지 탐사하기 위한 고등 탐사복도 개발 중이다.

37. 소행성이나 다른 행성에서 사용하려면 우주복을 어떻게 바꿔야 하나?

새 우주복은 더 가볍고 오래가는 배터리를 단, 더 작고 더 효율적인 생명 유지 장비를 갖추게 될 것이다. 산소를 고압가스가 아닌 액체 상태로 저장하면 우주 비행사가 소행성이나 행성에 가서 선외 활동을 할 수 있는 시간이 늘어날 것이다.

우주복 접합부는 우주 비행사들이 행성 표면에서 걷거나 몸을 굽히고, 무릎을 꿇기 편하도록 유연해야 할 것이다. 더 유연한 장갑을 끼면 손놀림을 향상시키고 손과 팔의 피로를 줄일 수 있다. 우주복에 내장된 고성능 컴퓨터로 우주 비행사 헬멧 안쪽의 안면부에 점검표와 각종 이미지, 센서 수치를 투사할 수도 있을 것이다. 이러한 개선 사항을 ISS와 소행성, 그리고 달에서 시험한 뒤, 첫 화성 탐사에서 이 우주복을 입게 될 것이다.

우주왕복선 챌린저호가 마지막 미션 STS-51L을 수행하기 위해 1986년 1월 28일 발사되는 장면, 발사 후 2분도 되기 전에 폭발해서 승무원 전원이 희생되었다. (나사 제공)

1. 우주에서 맞닥뜨리는 가장 큰 위험은 무엇인가?

발사 실패는 심각한 위험 요인이다. 지구 중력을 뿌리치고 안전하
게 우주에 띄울 믿을 만한 로켓 추진 장치를 만드는 일은 만만찮
은 공학적 도전이다. 발사에 실패한 로켓에서 안전하게 탈출하기
위해서는 발사 탈출 장치도 매우 중요하다.

우주에서 비행사들은 또 다른 위험에 직면한다. 우주 쓰레기와 미
소 유성체가 우주선에 구멍을 내면 우주선 내의 공기가 빠져나가
게 된다. 밀폐된 우주선 선실에 불이 나면 산소가 모두 연소되고
승무원들은 유독성 연기에 노출된다. 냉각 시스템에서 나온 유독
성 가스가 선실로 들어가거나 우주복을 오염시킬 수도 있다. 도킹
작전이 실패하면 우주선 충돌로 조종실이 파괴될 수 있다. 먼 우
주에서 긴 시간 탐사를 하다 보면 오랜 자유낙하 상태와 방사선이
건강에 해로운 영향을 미친다.

마지막으로, 우주선이 시속 2만 8,350킬로미터의 속도로 대기권
을 통과해 귀환하는 동안 우주선의 열 차폐막이 제대로 작동하지
않으면 우주선이 타 버릴 수 있다. 열 차폐막은 항상 제 기능을 다
해야 한다.

2. 우주 쓰레기란 무엇이고, 얼마나 위험한가?

지구 저궤도에는 이미 사용한 로켓 추진 장치를 비롯해서 수명이
다한 인공위성, 기타 부서진 우주선의 작은 파편들이 흩어져 있
다. 이 모든 것이 시속 수만 킬로미터의 속도로 지구 둘레를 돌고
있다.

작은 쓰레기 조각이 계속해서 국제우주정거장ISS에 부딪히면서 정

거장 창문에 자국을 내고, 태양전지판과 우주유영 시 사용하는 핸
드레일을 손상시킨다. 타격이 클 때는 선체에 구멍이 나거나 주요
장치가 망가질 수도 있다. 다행히도 지금까지 ISS가 커다란 손상
을 입은 적은 없다. 영화에 나오기도 하는 거대한 우주 쓰레기 폭
풍이 발생할 가능성은 없다. 그렇지만 커다란 쓰레기 조각의 타격
은 여전히 심각한 위험 요소다.

미 공군의 우주 감시 네트워크는 레이더를 이용해 야구공보다 큰
쓰레기 파편을 탐지한다. 네트워크를 통해 ISS의 2킬로미터 안으
로 쓰레기가 접근하는 것이 확인되면 미션 관제 센터는 충돌을 피
하기 위해 정거장 방향을 살짝 돌린다. 경고가 너무 늦게 울려 방
향을 돌릴 시간이 없으면, 우주 비행사들은 위험이 지나갈 때까지
소유스호나 미국의 구명선 캡슐로 피신해야 할 것이다.

우주 쓰레기는 앞으로 수십 년간 위험 요소가 될 것이다. 우주여
행을 하는 나라들은 자국 인공위성과 로켓 추진 장치가 근지구 우
주 공간을 오염시키지 않도록 노력해야 한다. 그러나 기존 위협이
완전히 사라지고, 이들 국가에서 쓰레기를 더 이상 만들어 내지
않는 시대가 오기 전에는, 효율적인 쓰레기 방어 시스템을 새 우
주선에 탑재해야 한다.

3. 미소 유성체는 심각한 위험 요인인가?

지구 대기 위를 비행하는 우주선이 미소 유성체, 곧 소행성과 혜
성에서 떨어져 나온 작은 조각과 충돌하면 심각한 위험에 처하
게 된다. 고속 충돌은 총알처럼 우주선에 구멍을 낼 것이다. 그러
면 조종실 공기가 유출되거나, 엔진과 생명 유지 장비 같은 핵심

장치가 고장을 일으킬 것이다. 이것은 가상의 위험이 아니다. 하지만 우주는 대부분 텅 비어 있는 거대한 공간이므로, 우주선이나 우주정거장이 미소 유성체와 충돌할 확률은 상대적으로 낮다.

약 25년 동안 궤도에서 운용되어야 하는 ISS가 미소 유성체와의 충돌로 망가지지 않도록, 거주 가능 모듈들은 쓰레기 방패 막으로 무장을 한다. 얇은 금속과 섬유층으로 이루어진 쓰레기 방패 막은 미소 유성체가 선체를 관통하기 전에 그 속도를 늦추고 파괴한다. ISS의 쓰레기 방패 막은 완두콩 크기의 조각도 막을 수 있다.

4. 우주 쓰레기와의 충돌로 입은 손상은 어떻게 수리하나?

우주 쓰레기가 ISS와 충돌해 거주 모듈이나 실험실을 손상시키면 내부 공기가 우주 진공으로 새어 나간다. 그러면 즉각 유출 부분을 찾아내 손상된 모듈을 고립시켜야 한다.

구멍이 장치나 실험실 선반 뒤에 숨어 있지 않고 눈에 보일 경우를 감안해, 승무원들은 압력이 위험 수준으로 떨어지기 전에 재빨리 구멍을 막는 훈련을 받는다. 구멍을 찾지 못하면 손상된 모듈에서 철수하고 해치를 닫는다. 이는 ISS의 다른 모듈에서 공기가 유실되는 것을 막기 위해서다. 손상된 모듈을 고립시킨 상태에서, 승무원들은 우주유영을 해서 외부에서 구멍을 막은 다음 해치를 다시 열고 수리를 한다. 만약 우주정거장이 심하게 손상되었다면, 도킹한 구명 우주선을 타고 지구로 탈출하게 된다.

5. ISS에 화재 등 심각한 문제가 발생하면 이를 어떻게 알아차리나?

ISS에 탑재된 컴퓨터 시스템이 생명 유지 기능과 우주선의 작동을

실시간 감시한다. 미션 관제 센터의 비행 관제사들 역시 마찬가지
다. 화재와 같은 비상사태가 발생하면 ISS의 경고 시스템이 크고
날카로운 경보를 울리고, 각 모듈에 경고등이 켜진다.

1급 경보—화재, 급격한 감압, 유독성 공기—는 가장 심각한 비
상사태다. 이는 승무원과 미션 관제 센터의 '즉각 조치'가 없으면

우주 비행사 테리 버츠(왼쪽)와 사만다 크리스토포레티가 자리야 모듈 안에서 ISS의 비
상사태 조치 절차를 익히고 있다. (나사 제공)

생명이 위험할 수 있는 상황이다. 이보다 약한 경보로 '경고', '주
의', '권고' 등이 있다. 물론 이것 역시 즉각 조치를 필요로 하지만,
승무원의 노트북을 통해 1급 경보와는 다른 종류의 경보가 울리
고 메시지가 뜬다.

ISS 승무원들은 심각한 문제가 발생할 경우의 주요 긴급 조치 훈
련을 매달 한 번씩 받는다.

6. 우주선 안에서는 어떤 식으로 불이 나나?

우주선 안의 화재 형태는 지구에서와 다르다. 자유낙하 상태에서는 불길에 데워진 공기가 위로 올라가지 않는다. 연소된 뜨거운 공기층—이제 산소가 거의 고갈된 공기층—이 불길 주변에 그대로 머문다. 산소가 새로 공급되지 않아서 불길은 천천히 퍼진다. 이 불은 벌겋게 달아오른 공과 비슷한 모양으로, 지구상의 불보다 더 낮은 온도에서 탄다. 나사에서는 우주정거장의 데스티니 실험실에 연소 연구 장비를 갖추고 우주에서 불이 어떤 식으로 타는지 연구하는 중이다.

만일 ISS에 화재가 발생하면 우선 산소마스크를 쓰고 손전등과 비상 점검표부터 챙긴다. 그런 다음 가장 가까운 제어 컴퓨터(노트북)로 가서 발화 지점을 찾아내 화재의 원인일 가능성이 높은 전원

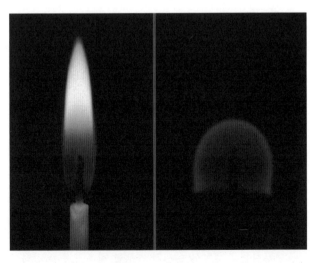

촛불의 두 모습. 왼쪽 지구의 촛불과 달리 오른쪽 자유낙하 상태의 촛불은 데워진 공기가 상승하지 않기 때문에 불꽃이 거의 공 모양을 이룬다.

을 차단한다. 화재가 걷잡을 수 없이 확산되었다면, 모두 모듈을
빠져나와 해치를 닫고 공기 순환 팬의 작동을 정지시킨다. 뜨거운
열기와 유독성 연기가 다른 곳으로 확산되는 것을 막기 위해서다.
우주정거장의 긴급 소방 절차는 1997년 미르 우주정거장에서 발
생한 큰 화재에서 배운 교훈을 토대로 한 것이다. 당시 산소 생성
기에서 발생한 화재로 금속이 녹고 유독성 연기가 우주선 전체로
퍼졌다.

7. 방사선이 우주 비행사에게 큰 문제가 되나?

ISS의 우주 비행사들은 지구 자기장 덕분에 대부분의 태양 방사선
과 우주 방사선으로부터 보호받는다. 거기다 우주정거장의 금속
성 선체와, 승무원 숙소 내벽을 마감 처리한 방사선 흡수 플라스

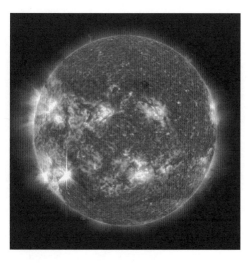

태양 면의 자기장 폭발은, 먼 우주의 우주 비행사에게 해로운 하전 양성자와 전자를 만
들어 낸다. (나사 제공)

틱 덕분에 다시 보호를 받는다.

하지만 먼 우주에서는 다르다. 우주선 선체만으로는 태양 폭풍이
나 우주 방사선으로부터 안전하게 보호받지 못한다. 상당량의 방
사선을 쬐면 암 발생 위험이 크게 높아질 수 있다. 또 심한 태양 폭
풍이 발생하는 동안에는 방사선 숙취라는 것으로 고생할 수 있다.
심한 태양 폭풍이 불면 승무원들은 방사선 수치가 내려갈 때까지
며칠간 물로 감싼 작은 폭풍 대피소로 대피해야 한다(물은 해로운
방사선을 빠르게 흡수 파괴한다—옮긴이).

우주선cosmic rays에 대처하려면 훨씬 거대한 방패 막(가장 효과적인
액체수소나 물)이 필요하다. 아니면 방사선 피폭 시간을 줄일 수 있
도록 목적지에 더 빨리 도착할 수 있는 원자력 로켓이 필요하다.
달이나 화성 탐험가들은 위험한 방사선을 피하기 위해 지하에서
생활해야 한다. 용암 동굴이나 크레이터 안에 거주 모듈을 두고
그 위에 흙을 쌓아올리면 훌륭한 기지가 될 것이다.

8. 자유낙하 상태에서 생활하면 건강에 해로운가?

러닝머신, 실내 자전거, 로잉머신(노 젓기 운동기구) 등의 유산소운
동은 자유낙하 상태에서 생활할 때의 '굼뜸laziness' 현상으로부터 근
육과 심장, 폐를 주로 보호해 준다. 우주 비행사들은 ISS의 근력 운
동 기구인 고등 저항 운동기구ARED가 서서히 진행되는 뼈 칼슘 손
실을 줄이는 데 효과적이라는 사실을 알아냈다.

자유낙하 상태에서 오래 생활하면 뇌압이 높아져 시력에 변화가
올 수 있다. 이는 체액이 하체에서 가슴과 머리로 '표류'하기 때문
에 생기는 현상으로 보인다. 또 하나 염려되는 것은, 자유낙하 상

영화 〈2001: 스페이스 오딧세이〉에 등장한 우주정거장으로, 지구 궤도를 돌면서 자전을 해서 인공 중력을 만든다. (닉 스티븐스/국제 천문예술협회 이미지 제공)

태에서 생활하면 면역 체계가 약화되어 세균과 감염에 대한 저항력이 떨어진다는 점이다.

자유낙하 상태의 부정적 현상을 극복하기 어려운 게 사실이라면, 인공 중력을 가하는 원심기처럼 생활공간을 회전시키는 우주선을 설계할 수도 있다. 그러나 이런 시스템은 우주선의 복잡성과 무게, 제작 비용을 증가시키므로, 우주 계획 관리자들은 되도록 이 선택을 피하려 한다.

9. 우주 비행사는 우주에서의 응급 의료 사태에 어떻게 대처하나?

우주 비행사가 아플 경우를 대비해 ISS에는 거의 모든 병을 치료할 수 있는 장비와 약품을 담은 의료 상자가 구비되어 있다. 또 비

행 군의관이 무선통신으로 언제든 의학적 조언을 할 준비를 하고
있다.

ISS의 모든 우주 비행사는 지구의 응급 구조 대원처럼 의료 응급
사태에 대처하는 의학 훈련을 받는다. 좋은 소식은, 감기와 독감
세균이 지구 궤도까지 올라가 질병을 일으키기는 사실상 어렵다
는 점이다. 그러나 심장 발작이나 급성 맹장염처럼 생명을 위협하
는 의료 응급 사태가 발생하면, 승무원들은 아픈 우주 비행사를
안정시킨 다음, 전문적인 치료를 받을 수 있도록 소유스호나 우주
택시 구명선으로 신속하게 지구로 돌려보내야 한다.

먼 우주나 화성을 탐사할 때는, 지구의 의료 전문가가 장거리 조
언을 한다 해도, 지구와의 거리 때문에 우주 비행사 스스로 모든
심각한 질병과 부상에 대처해야 한다. 먼 우주를 탐사하는 승무원
에는 거의 확실히 의사도 포함될 것이다.

10. 우주에서 우주 비행사를 구조할 수 있나?

ISS에는 구조 시스템이 마련되어 있다. 곧 러시아의 소유스 우주 구
명선 2대가 항상 정거장에 도킹해 있다. 심각한 비상사태로 승무원
이 ISS를 버리고 떠나야 할 경우, 소유스 구명선에 급히 올라타 도
킹을 풀고 지구로 안전하게 귀환하게 된다. 미래에는 상업용 운송
선이 정거장에 머무는 동안 구명선으로 이용될 수 있을 것이다.

화물 운송 우주선이 지구 저궤도에서 좌초했을 경우에는, 우주여
행을 하는 국가들이 합동으로 소유스호나 우주 택시 같은 구조선
을 보내게 될 것이다.

그러나 먼 우주의 경우에는 거리도 멀고 효율적인 구조선도 없기

때문에 지구로 신속하게 귀환하기가 어렵다. 최상의 전략은 승무원들이 달이나 화성의 안전한 피난처에 도착해 구조대를 기다릴 수 있도록, 후방 지원 기지를 둔 믿을 만한 우주선 시스템을 구축하는 것이다.

11. 지금까지 생명을 앗아 간 우주 사고는 어떤 것들이 있었나?

- 1967년: 세 명의 나사 우주 비행사—버질 그리섬, 에드워드 화이트, 로저 채피—가 아폴로 우주선 발사대 화재로 목숨을 잃었다.
- 1967년: 러시아 우주 비행사 블라디미르 코마로프가 대기권 재진입 시 소유스호 낙하산이 펴지지 않아 사망했다.
- 1971년: 우주 비행사 게오르기 도브로볼스키, 블라디슬라프 볼코프, 빅토르 파차예프가 소유스 11호 우주선의 밸브 불량으로 캡슐 안의 공기가 새어 나가 감압으로 사망했다.
- 1986년: 우주왕복선 챌린저호의 승무원—우주 비행사 프랜시스 스코비, 마이클 스미스, 엘리슨 오니즈카, 그레고리 자비스, 로널드 맥네어, 크리스타 맥컬리프, 주디스 레스닉—이 발사 도중 추진 로켓에 문제가 생겨 우주왕복선이 파괴되면서 사망했다.
- 2003년: 우주왕복선 컬럼비아호의 승무원—우주 비행사 릭 허즈번드, 윌리엄 맥쿨, 칼파나 촐라, 로렐 클라크, 데이비드 브라운, 마이클 앤더슨, 일란 라몬—이 열 차폐막 손상으로 대기권 재진입 시 우주왕복선이 파괴되어 사망했다.

12. 챌린저호는 왜 사고가 났나?

1986년 1월 28일 아침, 나사에서는 영하의 밤을 보낸 뒤 우주왕복선을 발사하는 치명적인 실수를 했다. 추위 때문에 우측 고체 연료 추진 로켓의 고무 패킹이 탄성을 잃어, 발사 후 생긴 틈새로 새어 나간 고온 고압의 배기가스에 불이 붙어 로켓 측면에 구멍이 났다.

이륙 72초 후 새어 나간 배기가스 때문에 헐거워진 추진기가 외부 연료 탱크와 충돌했다. 이때 외부 탱크가 파열하면서 우주왕복선을 강하게 옆으로 튕겨 냈고, 우주왕복선은 극단적으로 가속되어 공기역학적 힘(곧 기압) 때문에 그대로 폭발하고 말았다. 조종실은 폭발하지 않았지만, 우주 비행사들은 우주선 폭발 시 조종실 기압이 낮아지면서 목숨을 잃었거나, 아니면 발사 4분 후에 조종실이 대서양에 떨어질 때 생명을 잃은 것으로 판단된다. 이때 우주 비행사 그레고리 자비스, 크리스타 맥컬리프, 로널드 맥네어, 엘리슨 오니즈카, 주디스 레스닉, 프랜시스 스코비, 마이클 스미스 등 7명이 사망했다.

사고 이후, 나사에서는 추진 로켓의 설계를 개량했고, 엔지니어링, 의사소통, 관리 관행 등을 바꾸어 안전도를 향상시켰다.

13. 우주왕복선 컬럼비아호의 사고 원인은 무엇인가?

챌린저호 참사 이후 17년 만에 컬럼비아호가 과학 미션(STS-107)을 띠고 발사되었다. 2003년 2월 1일, 비행 82초 만에 서류 가방 크기의 발포 단열재가 외부 연료 탱크의 머리 부분에서 떨어져 나와 컬럼비아호의 왼쪽 날개와 충돌했다.

케네디 우주 센터 전시관에는 우주 탐사로 희생된 두 우주왕복선에 탑승한 승무원들을 기리는 스페이스 미러 기념비가 있다. 챌린저호와 컬럼비아호에 탑승한 우주 비행사들을 기리고, 두 우주왕복선의 잔해를 전시 중이다. (나사 제공)

나사에서는 컬럼비아호가 궤도에 이른 직후 발포 단열재의 충돌 사실을 알았으나 날개 손상이 안전을 위협할 정도는 아니라고 판단했다. 그러나 실은 그 충돌로 컬럼비아호 왼쪽 날개 앞쪽 모서리 부분의 열 차폐막에 금이 갔다.

16일 후 컬럼비아호가 지구 귀환 도중 대기권에 재진입할 때 고온의 가스가 날개 속으로 들어와 내부에서 날개를 약화시켰다. 텍사스 상공 61킬로미터 고도에서 시속 1만 9,440킬로미터의 속도로 날던 컬럼비아호는 날개가 부서졌고, 통제 불가능한 상태로 추락하기 시작했다. 결국 급격히 공중 분해되었고, 조종실 압력이 급감하면서 조종실 또한 파괴되었다. 이 사고로 우주 비행사 마이클 앤더슨, 데이비드 브라운, 릭 허즈번드, 칼파나 촐라, 로렐 클라크,

컬럼비아호 STS-107 미션 승무원. 2003년 임무 수행 중 지구 궤도에서 찍은 사진이다. 윗줄 왼쪽에서 오른쪽으로, 브라운, 맥쿨, 앤더슨, 아래 왼쪽에서 오른쪽으로, 촐라, 허즈번드, 클라크, 라몬. (나사 제공)

윌리엄 맥쿨, 일란 라몬 등 7명이 사망했다.

사고 이후, 나사에서는 외부 연료 탱크에 부착한 발포 단열재의 성능을 개선시켰다. 그리고 궤도에서 항상 우주왕복선 열 차폐막에 대한 점검을 하게 되었고, 열 차폐막 수리 도구를 개발하는 한편, 우주왕복선 구출 계획안도 수립했다. 또 나사에서는 비행 안전도를 높이기 위해 관리 및 의사 결정 과정을 다시 개선했다.

14. 컬럼비아호 우주 비행사들은 우주복을 입었는데도 왜 구조되지 못했나?

대기권 재진입 도중 컬럼비아호는 왼쪽 날개가 비틀리면서 벌어지자 통제력을 잃은 채 추락했다. 몇 초도 되지 않아 조종실이 분해되면서 급격하게 압력이 줄어들었다. 우주 비행사들은 헬멧 바이저를 위로 올린 상태였고, 대부분 장갑을 벗고 있었다. 그래서 우주복은 압력을 견디지 못했고, 우주 비행사들은 즉시 의식을 잃었다. 헬멧 바이저를 내리고 장갑을 끼었다 하더라도, 텍사스 상공 6만 960미터에서 시속 1만 9,440킬로미터로 날던 우주선이 공중 분해될 때의 너무나 높은 공기역학적 힘, 곧 기압을 당시 우주복으로는 이겨 낼 수 없었다. 급격한 추락과 갑작스러운 감속 상태에서 생존할 수 없었던 것이다.

15. 하마터면 재앙이 일어날 뻔한 아폴로 13호 사건을 그린 영화는 실제 사실과 일치하나?

1995년에 제작된 이 영화의 사실적인 영상은 아주 인상적이었다. 우주에 간 비행사들이 우주선 내부에서 둥둥 떠 있는 모습을 찍은 장면 가운데 일부는, 비행 중 20초 동안 자유낙하 상태를 만들어 내는 KC-135 보밋 코밋 항공기에서 촬영한 것이다. 영화의 역사적 설명도 꽤 정확하다. 다만 영화 제작자들이 지상관제 팀의 인원을 수백 명에서 수십 명으로 줄였는데, 이는 소수의 핵심 등장인물에 집중하기 위해서일 것이다.

아폴로 13호의 우주 비행사 프레드 하이즈와 제임스 로벨은 승무원들이 미션 수행 도중 말다툼을 벌이는 장면이 과장되었다고 말했다. 영화감독이 극적 긴장감을 고조시키기 위해 그랬을 것이다. 영화 〈아폴로 13호〉 제작자는 우주와 지상에서의 팀워크가, 치명적일 뻔한 비극적 상황을 어떻게 인간 승리로 탈바꿈시키는가를 아주 잘 보여 주었다.

16. 우주에서 태양을 맨눈으로 봐도 되나?

절대 안 된다. 태양광을 흡수하고 산란시키는 지구 대기가 없으면, 태양빛은 인간의 부드럽고 민감한 망막에 너무 뜨겁고 강렬하다. 조종실 창은 단열 코팅이 된 여러 겹의 두꺼운 유리 판으로 되어 있다. 조종실에서 이 창을 통해 태양을 내다보아도, 단 몇 초 만에 망막이 영구적으로 타 버릴 수 있다. 선글라스를 끼면 강렬한 태양빛을 줄일 수는 있지만, 눈이 보호되는 건 아니다.

우주유영 시 쓰는 헬멧 바이저는 3중 유리도 아닌, 그저 투명한 플라스틱 덮개일 뿐이다. 낮 동안에 우주유영을 할 때는 금막으로 얇게 코팅한 폴리카보네이트(플라스틱) 외부 바이저를 내려 쓴다. 금은 가시광선의 40퍼센트 정도만 흡수하지만 태양열은 거의 전부 차단해서 눈을 보호할 수 있다. 플라스틱 바이저는 해로운 자외선도 차단한다. 태양을 직시하고도 안전할 수는 없지만, 밝은 태양빛 속에서 편안하게 작업을 할 수는 있다.

17. 우주에 있는 동안 두려움을 느낀 적은 없나?

발사 직전, 큰 무대에 오르기 전처럼 마음이 조마조마했다. 실제로 나는 큰 무대에 오른다고 생각했다. 우주왕복선의 안전에 대해서는 걱정하지 않았다. 우주선의 안전한 비행을 걱정할 사람은 나 아닌 다른 전문가들이었기 때문이다. 염려스러운 것은 다름 아닌 '나' 자신이 우주 미션 준비를 철저하게 했는가였다. 중대한 실수를 저질러 동료 승무원과 관제 센터, 나사 관계자들을 실망시키고

우주왕복선 인데버호가 발사 중단 6주 만에 저자와 STS-68 미션 승무원들을 궤도로
올려 보내고 있다. (나사 제공)

싶지는 않았다. 그런데 일단 궤도에 오르자 무슨 염려를 할 겨를
이 없었다. 미션을 수행하느라 너무 바빴기 때문이다!

18. 달과 소행성, 그리고 화성에서 우주 비행사는 어떤 새로운 위험에
직면하게 될까?

　　우주 비행사가 ISS 밖으로 나가거나, 지구 궤도를 벗어나면 몇 가
지 새로운 위험에 맞닥뜨린다. 우선 지구 자기장의 보호를 벗어나
훨씬 높은 수준의 방사선에 노출된다. 이 방사선은 태양 폭풍(태양

에서 뿜어져 나오는 고속 하전 입자의 흐름)과 은하 우주선^{cosmic rays}(초
고속의 무거운 원자핵)에서 비롯하는 것으로, 둘 다 승무원을 병들게
하거나 암 발생 위험을 증가시킨다.

달과 행성에 착륙하기 위해서는 강력한 로켓과 열 차폐막, 낙하산
이 필요하다. 달 표면에 안전하게 착륙하려면 이 모든 것이 완벽
하게 작동해야 한다. 달과 화성을 탐사하는 동안 우주 비행사는
날카로운 암석, 낙하물, 모래 폭풍, 유독성 토양, 지속적인 방사선
노출 등의 위험에 직면하게 될 것이다.

화성이나 소행성 탐사 같은 장기 탐사에 나선 우주 비행사들이 직
면하는 또 하나의 위험은 바로 외로움이다. 지구와 너무 멀리 떨
어진 우주에서는 일상적인 무선 대화도 불가능하다. 그래서 심리
적으로 가족과 친구, 지구의 익숙한 환경으로부터 단절되어 있다
고 느끼게 될 것이다.

19. 미래의 우주선은 더 안전하게 만들어지고 있나?

최신형 민간 우주 택시와 먼 우주 여행을 위해 개발 중인 오리온
우주선은 모두 발사 탈출 장치를 갖추고 있다. 이는 고장 난 추진
로켓에서 탑승 모듈을 분리시켜 탈출할 수 있도록 하는 장치다.

궤도 비행과 랑데부 시, 다른 우주선과의 도킹 시, 그리고 지구 대
기권 재진입 시, 우주선을 쉽게 통제할 수 있도록 더 작고 빠른 컴
퓨터를 사용하게 될 것이다. 대부분의 정기 노선 비행을 자동화시
켜 인간이 저지를 수 있는 조종 실수를 줄이게 될 것이다. 또한 컴
퓨터로 우주선 시스템을 감시함으로써 심각한 문제로 발전하기
전에 초기 단계에서 고장을 탐지할 수 있게 된다.

2010년 5월 시험비행 도중 발사 중단 장치Launch Abort System, LAS를 이용해 무인 오리온 우주선을 (고장 난 추진 로켓으로부터) 안전한 곳으로 분리시키고 있다. (나사 제공)

우주 비행사는 신뢰할 만한 생명 유지 장치로 더 안전하고 안락한 생활환경을 누리게 될 것이다. 달과 소행성의 흙을 샌드백에 담아 만든 차폐물을 쌓아 올려 충돌과 방사선 위험으로부터 보호받게 될 것이다. 그래도 시스템이 고장 날 위험이 있다. 먼 우주에서의 난제 하나는 컴퓨터와 기계 장치가 수년 동안 계속 고장 나지 않게 잘 관리하는 것이다. 지구의 수리소에서 멀리 떨어져 있으니 말이다.

20. 우주여행은 안전할까?

인간이 만든 어떤 기계라도 고장을 피할 수는 없다. 우주 가장자리까지 가는 단기 준궤도 관광용 우주선이라 해도 지구 중력의 4~5배까지 가속되고, 마찰열이 섭씨 100도가 훌쩍 넘고, 속도는 시속 4,860킬로미터에 이른다. 2014년 버진 갤럭틱사의 상업용 우주선 스페이스십 2호가 비행 도중 공중 분해되어 비행사 한 명이 사망했다. 경쟁과 시험을 통해 이들 우주선의 안전성을 더욱 향상시켜야 한다. 하지만 승객들도 우주 가장자리로 여행하는 우주 비행을 하려고 안전띠를 매기 전에 위험성을 충분히 숙지할 필요가 있다.

나사 우주 비행사 테리 버츠가 국제우주정거장의 큐폴라 전망 창에서 지구 사진을 찍고 있다.
(나사 제공)

1. 궤도에서 보는 일출은 어떤 모습인가? 하루에 몇 번이나 일출을 보나?

ISS는 92분에 한 바퀴씩 지구를 돈다. 이는 우주 비행사가 하루 16회의 일출과 16회의 일몰을 보게 된다는 뜻이다. 일출은 수평선을 따라 가느다란 쪽빛 선이 모습을 드러내면서 시작된다. ISS가 일출을 향해 나아가면, 이 가느다란 선은 연한 청록색으로 바뀐다. 거기에 붉은색, 주황색, 노란색이 더해지면서 지구 가장자리로 무지갯빛이 빠르게 퍼져 나간다. 이어 태양의 머리꼭지가 수평선에 닿으면 백색광이 환하게 타오른다. 은근하게 이글거리던 수평선은 30초 만에 백열 상태의 뜨거운 태양빛으로 폭발한다. 디지털카메라가 있어도 궤도 일출의 미묘한 색과 빠르게 변화하는 광도를 온전히 포착하기는 어렵다.

2. 우주에서 바라보는 밤하늘은 어떤 모습인가?

지구 대기보다 높은 곳에서 어둠에 눈이 적응하면 밤하늘의 장관을 볼 수 있다. 그런데 우주의 어둠에 눈이 얼른 적응하기는 쉽지 않다. 지구 궤도의 밤은 길어야 45분인데, 우리 눈이 어둠에 적응하는 데는 30분쯤 걸리기 때문이다.

최상의 장관을 보려면 일몰 후 모든 내부 등을 꺼야 한다. 눈이 어둠에 적응하고 나면 어두운 지구 반구의 검은 허공을 둘러싸고 있는 은하수와 수많은 별로 이루어진 밤하늘의 장관을 감상할 수 있다. 너무 많은 별이 눈에 들어와서 익히 알고 있는 별자리를 찾기가 어려울 정도다. 익숙한 별자리의 별빛이 다른 수천의 별빛에 가려지기 때문이다. 이때 어두운 지구를 내려다보면 저층 대기에

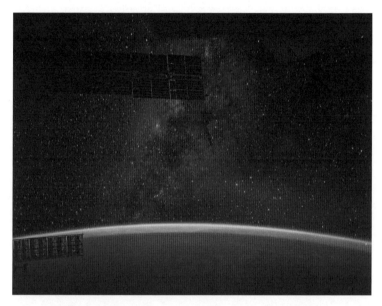

ISS에서 바라본 밤하늘과 우리 은하수은하^{Milky Way Galaxy}(우리은하). (나사 제공)

서 타오르는 별똥별을 가끔 볼 수 있다.

3. 우주에서 바라보는 별은 반짝반짝 빛나지 않는다는데 왜 그런가?

지구 대기는 항상 움직이고 있어서, 수천 분의 1초마다 공기가 별
빛을 조금씩 다른 방향으로 회절시킨다. 즉 별빛을 계속 흔든다.
이처럼 별빛의 위치가 빠른 속도로 바뀌기 때문에 우리 눈에는 별
이 반짝이는 것으로 보인다. 이 반짝임을 섬광이라고도 한다.

지구 대기의 위쪽에서는 관찰자와 별빛 사이에 공기가 없기 때문
에 별빛이 흔들리지 않는다. 천문학자들이 허블과 찬드라, 스피처,
콤프턴 같은 거대 관측 장비를 궤도에 띄워 올리는 이유도 대기의
요동과 빛 흡수 효과를 제거하기 위해서다. 제임스 웹 우주 망원

미션 STS-40 도중 우주왕복선 컬럼비아호에서 바라본 미국의 동북쪽 전경. 슈피리어 호수와 미시건 호수를 비롯한 오대호가 보인다. (나사 제공)

경은 자외선을 관측하기 위한 차세대 거대 망원경으로, 지구 대기의 왜곡 효과를 차단하기 위해 궤도에 띄워 올릴 예정이다.

4. ISS는 지구 상공의 어느 궤도를 비행하나?

ISS의 궤도 각도는 51.6도다. 즉 적도 상공의 궤도와 ISS의 궤도가 51.6도의 각도를 이룬다. 따라서 지구 자전으로 인해 ISS는 북위 51.6도와 남위 51.6도 사이의 지구 상공을 지나가게 된다. 북으로

는 미국의 오대호에서부터 남으로 남미 대륙의 끝까지, 중부 시베
리아부터 남쪽 뉴질랜드까지의 경치를 ISS에서 볼 수 있다.

5. 우주에서 중국의 만리장성이 보이나?

만리장성은 주변 지표면과 거의 같은 색깔의 자연석과 흙벽돌로
만든 것이다. 평균 너비가 5미터 정도인 만리장성을 육안으로 포
착하기에는 폭이 너무 좁다. 그러나 역사적인 이 구조물을 궤도에
서 촬영한 사진으로는 확인 가능하다. 우주 비행사는 디지털카메
라와 망원렌즈를 이용해 만리장성 주변 사진을 찍을 수 있다. 우
주선 창문을 통해 육안으로 만리장성을 발견하기는 어렵지만, 사
진을 확대하면 만리장성을 확인할 수 있다.

6. 인류 문명 가운데 우주 비행사가 육안으로 볼 수 있는 것은 무엇인가?

ISS나 지구 저궤도의 우주선에서 인류 문명의 많은 흔적들을 맨눈
으로 볼 수 있다. 인간의 눈은 일정한 패턴과 직선을 인식하는 데
뛰어나다. 그래서 낮 시간에는 고속도로, 열차 선로, 공항 활주로,
제트기 비행구름, 해상 선박이 지나간 자국 등이 맨눈에도 잘 보
인다. 도시는 회색 얼룩처럼 보인다. 밤에는 인구 밀집 지역이 검
은색 벨벳에 달린 다이아몬드처럼 반짝인다. 고속도로가 거미줄
처럼 인구 밀집 지역을 연결하고 있는 것도 보인다. 인간의 문명
이 지구 전체로 뻗어나간 모습은 시쳇말로 눈이 튀어나올 정도로
멋지다. 우주 비행사의 지구 사진 게이트웨이라는 나사의 웹사이
트(eol.jsc.nasa.gov)에 들르면 많은 사진을 볼 수 있다.

저자가 첫 번째 우주왕복선 미션 도중 찍은 우주 레이더 사진. 베이징에서 약 730킬로
미터 떨어진 사막 지역의 만리장성 일부가 보인다. 세로의 긴 줄이 15세기에 만들어진
만리장성이다. (나사 제공)

7. 궤도에서 바라본 도시의 모습은 어떤가?

낮에는 도시의 도로와 건물 벽, 옥상 등이 자연 녹지와 대비되어 회색으로 보인다. 인구 밀집 도시에서 발생한 연무와 오염 물질 때문에 도시가 늘 선명하게 보이지는 않는다. 사막의 도시나 눈이 쌓인 겨울철 도시는, 농경 지역이나 숲으로 둘러싸인 도시보다 눈에 더 잘 띈다. 체서피크만의 해안선을 따라가면 지구 궤도에서도 내 고향인 메릴랜드주 볼티모어를 쉽게 찾을 수 있다.

미션 STS-98 도중 우주왕복선 아틀란티스호에서 바라본 메릴랜드주 볼티모어. (나사 제공)

8. 우주에서 바라본 지구의 모습을 묘사한다면?

우주에서 지구를 바라보는 것은 살아 있는 지리 수업이나 마찬가지다! 선명한 빛깔과 파스텔 색조가 쉼 없이 변화하는 지구 행성은 너무나 매혹적이다. 특히 궤도에서 눈에 띄는 풍경으로는 짙푸른 바다, 짙은 녹색의 열대우림, 진갈색의 가을 애팔래치아산맥, 삐죽빼죽 솟은 히말라야산맥의 눈부신 봉우리들을 꼽을 수 있다. 수백 킬로미터 상공에서 지구를 바라보면서, 우주의 칠흑 같은 어둠과 선명히 대비되는 지구의 아름다움에 경외감과 놀라움을 느끼지 않을 사람은 없을 것이다. 우주선 발사 전에 지리학을 공부한 것은 정말 다행이었다. 지구로 귀환해서도 나는 궤도에서 바라본 지역에 대해 더 알고 싶었다. 그런 관심은 평생의 공부로 이어졌다.

9. 지구에서 ISS를 볼 수 있는 시간대는 언제인가?

ISS는 하늘을 가로지르는 밝은 별처럼 보인다. 일출이나 일몰 무렵 맨눈으로도 쉽게 볼 수 있어서, 쌍안경이나 망원경은 필요 없다. ISS를 보는 것은 고무적인 일이다. 멈추어 있는 듯한 저 빛나는 한 점에 여섯 명의 사람이 살고 있다고 상상해 보라. 어느 지역에서 언제 ISS를 볼 수 있는지는, 나사의 우주정거장 찾기 웹사이트 (spotthestation.nasa.gov)에 자세히 나와 있다.

10. 우주에서는 달과 행성이 더 가까이 보이나?

지구 저궤도라고 해서, 달이 지표면에서보다 더 가까이 보이는 것은 아니다. 하지만 흰색과 회색이 아주 또렷하게 보여서, 지표면에서 창백하고 누르스름하게 보이는 것과는 사뭇 다르다.

지구의 야간 상공에서 우주 비행사가 육안으로 발견할 수 있는 행성으로는 수성과 금성, 화성, 목성, 토성 등 5개가 있다. ISS는 약 390킬로미터 상공에 떠 있기 때문에, 앞서의 다섯 행성들은 날씨가 맑은 밤에 지표면에서 바라보는 것과 거의 똑같이 보인다. 지구에서 가장 가까운 행성도 3,890만 킬로미터나 떨어져 있으니 우주정거장에서 본다고 해서 더 가깝게 보이지는 않는다.

일단 우리 눈이 지구 밤의 어둠에 적응하면(30분 정도 걸린다), 지구에서 보는 것보다 화성은 더 붉게, 토성은 더 노랗게 보인다. 별이 가득한 밤하늘에서 말이다. 지상에서 쌍안경이나 소형 망원경으로 본다면, 맨눈으로 보는 색깔 외에도 금성의 반짝임, 수성의 빠른 움직임, 목성의 장엄함을 볼 수 있다.

11. 지구의 오로라는 어떻게 만들어지나? 우주에서도 오로라를 볼 수 있나?

북극광과 남극광이라는 환상적인 빛 쇼는 지금까지의 우주여행 도중 정말 경이로웠던 광경으로 손꼽힌다. 지구의 극지방 상공에서 펼쳐지는 이 야간의 빛 쇼는 태양풍—태양에서 내뿜는 하전 입자들의 흐름—과 지구의 희박한 상층 대기가 충돌하면서 나타난 결과물이다.

하전 양성자와 전자로 이루어진 태양풍은 지구 자기장에 붙잡혀 극 쪽으로 끌려간다. 이때 하전 입자들이 지구 대기의 질소와 산소 원자와 부딪혀 들뜬상태(전자 에너지가 가장 낮은 상태, 곧 바닥상태에서 전자가 외부 자극에 의해 에너지를 흡수한 상태—옮긴이)가 된다.

엑스퍼디션 32 미션 도중 ISS의 로봇 팔이 은은하게 빛나는 오로라 커튼 위를 미끄러져 가고 있다. (나사 제공)

들뜬상태의 이 원자들이 전자와 결합하거나 주변 원자와 충돌하는 과정에서 빛을 발하게 된다. 들뜬상태의 산소 원자는 주로 초록빛을 내는 반면, 질소 원자는 주로 붉은빛을 발한다. ISS가 지구의 오로라 대^{zone} 근처를 지나갈 때, 우주 비행사들은 물결 모양으로 어른거리는 빛의 커튼 바로 위를 스쳐 지나가거나 관통해 지나가는 느낌을 받는다.

12. 우주에서 지구 사진을 찍기 어려운가?

ISS에서 지구를 바라보면 지구가 시야의 절반을 차지한다. 그래서 지구는 언제나 멋진 영상 선물을 우리에게 안겨 준다. 우주 비행사들은 궤도에서 바라본 아름다운 모습이나 과학적 이미지를 포착하기 위해 몇 년씩 나사 전문가들에게 사진 촬영을 배운다. 우주선은 초속 8킬로미터의 빠른 속도로 움직이므로 셔터 스피드가 적어도 500분의 1초는 되어야 이미지가 흔들리는 것을 피할 수 있다.

태양빛을 받은 풍경은 다양한 색조를 나타낸다. 구름이 눈부시도록 하얗게 보이는가 하면, 설원이 어두운 녹색이나 황갈색으로 보이기도 한다.

따라서 노출(카메라에 들어오는 빛의 양) 조절이 아주 중요하다. 우주 비행사들은 카메라에 내장된 노출계를 이용해 노출을 바르게 조절한다. 노출 정도를 달리하면서 여러 장의 사진을 찍는 것도 좋

저자가 지구 궤도에서 250밀리미터 린호프 카메라를 다루고 있는 모습. (나사 제공)

은 방법이다. 그러면 노출이 잘된 사진 한 장은 확실하게 건질 수 있다.

13. 우주 비행사들은 어떤 카메라를 사용하나?

ISS에서는 필름 카메라가 아닌 디지털카메라를 사용하는데 그 이유는 여러 가지다. 우주 방사선은 궤도상에 몇 주 이상 보관한 필름을 변색시킨다. 디지털카메라는 지구에서 필름을 가져와 갈아 끼울 필요가 없다. 또 디지털 사진은 몇 시간 만에 지구로 전송할 수도 있다.

우주정거장 승무원들은 광각렌즈나 망원렌즈로 갈아 끼울 수 있는 전문가급의 일안 리플렉스 카메라를 사용한다. 자신이 찍은 지구 사진을 노트북 컴퓨터로 살펴본 다음, 가장 잘 찍은 사진을 휴스턴에 있는 지구 관측 전문가들에게 무선으로 보낸다. 카메라가 망가지면 화물선을 통해 새로 받고, 망가진 카메라와 디지털 사진 백업 파일을 지구로 보낸다.

14. 우주에서 바라본 지구의 아름다움을 사진으로 온전히 포착할 수 있나?

우주선 창밖의 광막한 전경과 끊임없이 변화하는 빛의 장대한 파노라마는 카메라보다 인간의 눈으로 더 잘 포착할 수 있다. 그러나 어떤 카메라는 인간의 눈에 버금간다. 아이맥스 형식의 필름은 거대 스크린에 투사했을 때 우주 비행사가 눈으로 감상하는 광경과 맞먹는 장대함과 아름다움을 선사한다.

야간의 도시 불빛이나 오로라의 아름다움과 극적인 모습은 우주

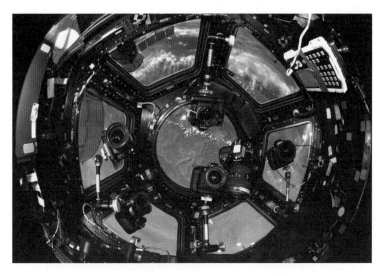

훌륭한 지구 전망대인 ISS 큐폴라에서 촬영할 준비가 된 카메라들. (나사 제공)

비행사의 맨눈보다 디지털카메라로 더 섬세하게 포착할 수 있다. 하지만 지구의 미묘한 색감은 사진으로 포착하기 어렵다. 대기권 상층에서 빛나는 다채로운 대기광의 미묘한 주황빛, 뇌우와 허리케인, 화산에서 솟아오르는 연기와 수증기 기둥의 입체적 깊이를 사진으로 포착하기는 어렵다.

우주왕복선과 ISS 승무원들은 100만 장 이상의 디지털 사진을 찍어 지구로 보냈다. 우주 비행사의 지구 사진 게이트웨이라는 나사의 웹사이트(eol.jsc.nasa.gov)에 들르면 이 사진들을 볼 수 있다.

15. 달 궤도에서 아폴로 착륙 현장을 찍은 사진은 없나?

아폴로 우주 비행사들이 달 궤도에 있을 당시에는, 달 착륙선과 장비, 착륙 지점에 꽂은 깃발 등을 섬세하게 포착할 수 있을 만큼

아폴로 17호가 달 근처에서 찍은 유명한 지구 사진. 이렇게 아름다운 모습을 보고 있
으면 우주에 가서 직접 보고 싶어진다. (나사 제공)

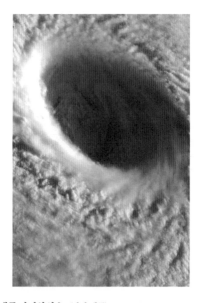

ISS에서 바라본 태풍 마이삭의 눈. (나사 제공)

성능 좋은 카메라가 없었다. 나중에 무인 달 탐사 궤도선이 월면
차의 궤적과 달 착륙선의 착륙 지점, 과학 장비, 우주 비행사들의
발자국 등 아폴로 호의 역사적 착륙 현장을 촬영했다. 우주 비행
사들이 꽂아 놓은 미국 국기도 보이는데, 나일론 천이 태양의 강
력한 자외선에 탈색되어 하얗게만 보인다.

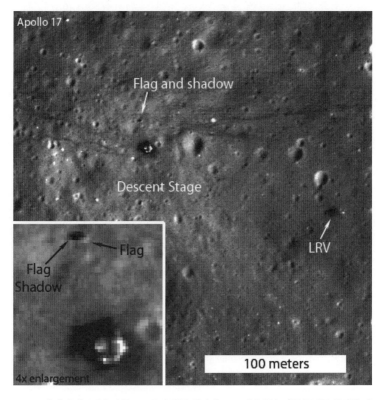

달 탐사 궤도선이 아폴로 16호의 착륙 현장과 1972년에 꽂은 미국 국기를 촬영한 사
진. 검은 그림자가 달 착륙선의 착륙 현장 ^{descent stage}이며, LRV는 정지 상태에 있는 월
면차^{Lunar Roving Vehicle}이다. (나사 제공)

16. 우주에서 외계인을 보았나? 우주에 외계인이 존재하나?

우주 비행사들은 외계 생명체의 어떤 증거도 발견하지 못했다. 우주선에서 보낸 사진 가운데 미확인비행물체UFO로 보고된 것들이 실은 얼음 결정체나 우주에 떠다니는 궤도 쓰레기, 금성, 어두운 하층 대기를 지나가던 유성 따위였던 것으로 확인되었다. 외계 생명체, 곧 지능을 갖춘 우주 존재에 대한 탐색 결과, 지금까지 외계 문명이 존재한다는 어떤 증거도 얻지 못했다.

천문학자들은 다른 별들 주변에서 천 개 이상의 행성을 발견했다. 우리 은하계에도 최소 천억 개 이상의 별이 존재한다. 그러니 우리 은하의 다른 어딘가에 지능을 갖춘 생명체가 존재할 가능성은 얼마든지 있다. 단순한 형태의 생명체라면 우리 태양계 안, 그러니까 화성이나 큰 행성들의 위성에서도 발견할 수 있을 거라고 나는 생각한다.

외계 문명 운운하지만, 물리학적으로 우리가 알고 있는 것에 따르면 일단 별들 사이를 오가는 것부터가 너무 힘들다. 외계인들이 별들 사이를 오갈 수 있다 해도, 별다를 것 없는 우리 태양까지 그들이 찾아오고 싶을까? 저 너머 어딘가에 외계 생명체가 있다 해도 우리가 그들을 찾을 수 있는 방법은 별로 없다. 우리 태양계와 비슷한 환경에 있는 외계 미생물이나 찾아보고, 아니면 먼 문명 세계에서 보내오는 무선이나 레이저 신호를 기다려 보는 것이 고작이다.

17. 우주에서 지구를 바라본 뒤, 지구에 대한 느낌이 바뀌었나?

우리의 고향 지구는 우리 사회의 요람이고, 우리 자녀와 미래 세

케플러-186f 상상도. 생명체 서식 가능 지역에서 처음 발견된 지구 크기의 행성. 태양 둘레를 도는 지구처럼 멀리 있는 항성 둘레를 돌고 있다. (나사 에임스 연구 센터/세티 연구소/칼텍 제트 추진 연구소 제공)

우주왕복선 디스커버리호에서 바라본 애리조나주의 그랜드캐니언. 콜로라도강이 그랜드캐니언 사우스림(왼쪽)과 노스림(오른쪽)의 눈 덮인 숲을 가르고 있다. (나사 제공)

대가 기댈 언덕이다. 인간이라면 누구나 우리의 고향 세계를 책임
지고 잘 관리해야 한다는 게 내 생각이다. 우주 비행을 하며 이런
생각은 더욱 굳어졌다.

나는 언제나 지구의 역동적인 지질과 다양한 환경, 놀라운 생명의
다양성에 관해 공부하기를 즐겼다. 야외 활동도 좋아해서 수많은
경이로운 절경을 열심히 답사했다. 우주에서 지구의 모습을 만끽
하면서도 고향 행성을 샅샅이 직접 답사하고 싶은 갈망이 더욱 커
지기만 했다.

우주왕복선 아틀란티스호가 STS-98 미션을 마치고 우주정거장에서 지구로 귀환할 준비를 하고 있다. (나사 제공)

1. 우주 비행사는 어떻게 지구로 돌아오나?

우주선이 지구 저궤도에 떠 있으려면 시속 2만 8,350킬로미터의
속도를 유지해야 한다. 국제우주정거장^{ISS}에서 지구로 귀환할 준
비가 되었다면, 이제 할 일은 우주선의 속도를 시속 325킬로미터
로 늦추는 것뿐이다. 역추진 로켓을 발사하면 우주선의 속도가 살
짝 느려지면서 대기권 재진입 경로에 들어서게 된다. 그러면 항력
때문에 우주선의 속도는 더 느려진다. 이것을 재진입^{reentry}이라고
한다.

궤도에서 여전히 음속의 25배 속도로 움직이는 우주선이 재진입
을 하며 상층 대기의 분자들과 충돌하면 전면부에 강한 고압의 충
격파가 생성된다. 이 충격파로 인한 열과, 공기 분자가 우주선 표
면과 충돌하면서 생긴 마찰열 때문에 주변의 공기 온도가 섭씨
1,650도까지 올라간다. 우주선의 운동에너지가 열에너지로 전환
되어 대기로 방출될 때, 우주선의 열 차폐막이 우주선 선체와 승
무원을 보호한다. 이윽고 우주선은 (소유스, 크루 드래건, CST-100 스
타라이너의 경우) 낙하산을 펴거나, (우주왕복선이나 드림 체이서 우주
비행기의 경우) 활주로에 착륙하기 위해 활강을 한다.

2. 재진입하기 위해 어떤 준비를 했나?

재진입하기 전날 밤, 우리 승무원들은 모든 과학 장비를 정리 정
돈하고, 생활용품과 식품을 치우고, 조종실에서 귀환 설정을 하며
여러 시간을 보냈다. 다음 날 아침에 입을 우주복도 점검했다.

귀환하는 날, 우리는 역추진 로켓을 점화하기 4시간 전부터 착륙
체크리스트를 점검했다. 몇 명은 재진입 도중 맥박과 심전도를 기

록하기 위해 가슴에 센서를 붙였고, 혈압을 측정하기 위해 팔에 가압대를 찼다. 아침 식사 후에는 우주복으로 갈아입었다. 우람한 주황색 고등 승무원 탈출복과 낙하산 장비를 착용할 때는 두 사람이 곁에서 거들었다. 헬멧과 장갑은 나중에 착용했다.

착륙 한 시간 전, 5컵 정도(1리터 남짓) 따뜻한 닭고기 국물을 마시거나 소금을 녹인 물을 마셨다. 혈량을 보충하고, 재진입 및 착륙 시 현기증을 예방하기 위해서였다.

3. 재진입을 할 때도 발사할 때만큼 흥분되었나?

여러 가지 눈요기를 생각하면 의문의 여지가 없이 재진입을 할 때가 더 흥분되었다. 발사할 때는 조종실 창으로 텅 빈 하늘만 보였다. 그러나 재진입할 때는 빠른 속도로 근접하는 지구를 조종실 창으로 내다볼 수 있었다. 그뿐만 아니라 우주선이 지구 대기에서 공기 분자와 충돌하면서 생기는 플라스마가 뜨겁게 이글거리며 우주선을 감싼 멋진 모습도 볼 수 있었다. 조종실 앞과 옆, 위 창문에서 펼쳐지는 빛 쇼는 20분 이상 계속되었다.

발사할 때와 달리, 재진입할 때는 소리가 전혀 나지 않았다. 활주로를 향해 음속 장벽을 뚫으며 서행할 때 생기는 마지막 5분간의 진동을 제외하고는 진동도 거의 없었다. 감속을 해서 재진입을 할 때는 발사할 때보다 훨씬 적은 1.7g의 중력가속도만을 느꼈다. 지표면 정상 체중의 2배 이하였지만, 10분에 걸쳐 머리부터 발끝까지 전해진 이 힘은 꽤나 부담이 되었다. 2주간 자유낙하 상태에서 전혀 무게감이 없이 생활해 온 뒤였기 때문이다. '거의 정상' 중력의 느낌이 돌아왔을 때도 내 어깨와 팔은 짓누르는 듯한 무게감에 아래로 축 처졌다.

이윽고 우주왕복선이 착륙 지점을 향해 멋진 나선 강하를 하기 시작했다. 이어서 활주로를 향해 기수를 아래로 내린 채 아주 짜릿하게 급강하했다. 마지막 몇 초 동안은 부드럽게 착륙하기 위해 우아하고 정확한 수평 비행을 했다. 사령관의 이런 비행술은 언제 봐도 인상적이었다!

4. 대기권 재진입을 할 때 무엇을 보았나?

우주왕복선이 마하 25의 엄청난 속도로 지구 대기로 재진입할 때 주변 공기는 섭씨 1,650도까지 올라간다. 이때 우주 비행사는 작열하는 플라스마 고치^{cocoon} 안에 들어가 있는 것이나 마찬가지다. 전방의 창밖에는 형광주황색 화염이 타오르고, 측면 해치 바깥에는 밝은 분홍빛과 선홍빛이 반짝였다. 머리 위쪽의 창으로는 노란색과 자주색 줄무늬를 띤 뜨거운 백색 가스의 궤적이 스쳐 지나갔다. 우주선 기수에서 뒤로 흐르는 불꽃이, 맥동하는 혜성 꼬리 같은 이 궤적과 합쳐지면서 조종실은 기괴한 번쩍거림에 휩싸였다. 마하 20의 속도로 착륙 지점을 향해 돌진하자 측면 창밖으로 거대한 지구의 모습이 보였다! 우리는 정지해 있는 듯한 비행기들 곁을 빛살같이 지나갔다.

빛 쇼는 마하 10으로 속도가 줄자 끝이 났다. 이때 우리는 착륙 지점을 향해 심장이 멎을 듯 급강하하기 시작했다. 고도 4,500미터에서 600미터로 급강하를 하는 도중 기수 아래로 활주로가 얼핏 보였다. 사령관은 능숙하게 기수를 들어 올려 착륙 장치를 활주로 콘크리트 노면에 부드럽게 안착시켰다.

5. 재진입 도중 느낌이 어땠나?

역추진 로켓을 점화해 궤도를 벗어난 뒤, 20분쯤 텅 빈 우주로 하강하다가 이윽고 지구 대기의 맨 윗부분을 뚫고 들어갔다. 여전히 마하 25의 속도로 소리 없이 하강하던 우주왕복선이 희박한 공기와 부딪치자 우주선 외부에 마찰열이 생기기 시작했다.

이 항력 때문에 우리는 다시 지구 중력을 느끼게 되었다. 나는 2주만에 처음으로 우주선 의자에 몸이 내려앉는 것을 느꼈다. 마하25에서 마하 10으로 속도가 떨어졌을 때도 우리는 아무런 진동을 느끼지 못한 채, 그저 거대한 손이 지그시 어깨를 누르는 것 같은 감속력을 전신으로 느꼈을 뿐이다. 그러나 하층 대기권에 들어서자 후류後流, 곧 조종실을 빠르게 스쳐 지나가는 공기의 굉음이 들렸다. 이어 우주왕복선이 감속하면서 음속 장벽을 통과하자 심한 진동이 느껴졌다. 동료 승무원들은 이를 두고 지구로 귀환하는 '험로rocky road'라고 일컬었다.

6. 우주선이 대기 상층부에 이르렀을 때 재진입 각도가 중요한 이유는 무엇인가?

지구 저궤도에서 귀환할 때 비행경로각, 곧 수평선과 비행경로가 이루는 각도는 매우 중요하다. 시속 2만 7,000킬로미터 이상의 속도로 비행할 때, 경로각이 너무 작으면 대기권 밖으로 밀려나게 된다. 물론 지구 중력에 붙잡혀 다시 하강은 하겠지만, 의도했던 착륙 지점을 지나치게 된다. 달에서 지구로 귀환할 때 너무 완만한 경로각으로 대기권에 접어들면 오히려 튕겨져 나가 매우 높은 궤도로 올라가 버릴 것이다. 그러면 지구와 다시 만나기 전에 산

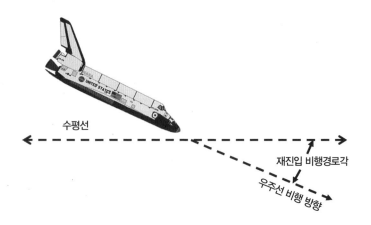

재진입 비행경로각은 수평선(지구 표면)과 우주선 비행 방향이 이루는 각이다. (저자 제공)

소와 식량이 바닥날 것이다.

한편 경로각이 너무 가파르면, 우주선이 두꺼운 대기층으로 급속히 진입하게 되므로 우주선이 지나치게 빨리 감속하면서 과도하게 가열된다. 그러면 우주선이 찌그러지거나 타 버릴 수 있다.

ISS를 떠나 지구로 귀환할 때 소유스호는 경로각을 −1.35도로 잡았다. 우주왕복선이 재진입할 때는 −1~−2도로 잡았고, 달에서 돌아온 아폴로 우주선은 −6.5도로 잡았다.

7. 재진입 시 우주선 외부가 뜨거워지는 이유는 무엇인가?

음속 25배의 속도로—달이나 행성에서 귀환하는 경우에는 그 이상의 속도로—대기권에 재진입하는 우주선은 상층 대기의 공기 분자와 충돌한다. 이 공기 분자들은 우주선 주위로 부드럽게 흐르지 못한다. 대부분의 공기 분자가 비켜설 겨를이 없이 충돌해 버리는 것이다. 이 극초음속 충돌로 고압의 충격파가 발생한다. 공

대기권 재진입 시 우주왕복선 조종실 창밖으로는 극도로 가열된 재진입 플라스마가
이글거린다. (나사 제공)

기 분자들은 파괴되고 공기 원자가 아주 고온으로 가열된다. 섭씨
1,650도가 넘는 경우도 있다. 흐르는 공기와의 마찰열도 이 재진
입 가열의 20퍼센트 정도를 차지한다.

이 엄청난 열은 공기 원자에서 전자를 떼어내고, 우주선을 감싸고
흐르는 백열 플라스마를 만들어 내 우주선 표면을 달군다. 열 차
폐막이 없다면 극도로 가열된 플라스마 때문에 우주선 표면이 녹
아서 우주선과 승무원이 흔적도 없이 사라지고 말 것이다.

8. 우주선은 재진입 열기를 어떻게 이겨 내나?

오늘날의 유인 우주선은 열 차폐막으로 대개 용융 방열판을 사용
한다. 이것은 플라스틱류 수지로 만든 것인데, 재진입 가열 시 타
서 녹은 다음 증발하면서 우주선의 온도를 낮춘다. 재진입 도중

오리온 우주선의 2014년 시험비행 후 시커멓게 타 버린 용융 방열판. (나사 제공)

용융 방열판은 대부분 타 버리기 때문에 재사용할 수 없다.

우주왕복선은 재사용 가능한 실리카 세라믹으로 만든 타일을 열 차폐막으로 썼다. 스티로폼만큼 가벼운 이 타일은 재진입 열을 효율적으로 차단했다. 궤도 우주선의 외피 가운데 가장 높은 온도에 노출되는 부분, 곧 우주선 기수나 날개 앞쪽 테두리는 강화 탄소-탄소 복합재로 만들었다. 드림 체이서 우주 비행기와 X-37B 무인 미니 왕복선은 아직도 이 재사용 타일을 사용한다. 그러나 재사용 열 차폐 타일은 깨지기 쉽고, 손상을 입었을 경우 검사 및 교체 비용이 많이 든다는 단점이 있다.

9. 우주왕복선 착륙은 어렵지 않았나?

내가 경험한 네 차례 우주왕복선 착륙은 순탄한 여객기 착륙보다 더 부드러웠다. 우리 사령관들은 나사의 전문 강사와 베테랑 우주 왕복선 사령관들의 교육을 받으며, 시뮬레이터와 우주왕복선 훈련 항공기로 천 번도 넘게 착륙 연습을 했다. 한번은 우리 사령관이 궤도 우주선을 케네디 우주 센터에 너무 부드럽게 착륙시키는 바람에 나는 착륙한지도 몰랐다. 내 앞 컴퓨터 화면의 비행 소프트웨어가 '지상' 모드로 전환된 것을 보고서야 착륙했다는 사실을 알았다.

10. 지금까지 재진입 시 우주선에 생긴 문제에는 어떤 것들이 있나?

1962년 미국 최초로 유인 궤도 비행에 성공한 프렌드십^{Friendship} 7호 우주선에 문제가 생겼다. 센서 고장으로 방열판이 헐겁다는 신호

우주왕복선 미션 STS-98을 마치고 ISS에서 지구로 귀환한 아틀란티스호. (나사 제공)

가 울린 것이다. 경보 오작동이었지만, 비행 관제사는 재진입 도
중 타 버릴까 봐 크게 걱정했다. 1967년에는 우주 비행사 블라디
미르 코마로프의 소유스 1호가 재진입 도중 통제력을 잃고 추락
했다. 낙하산이 펼쳐지다가 줄이 엉키는 바람에 코마로프는 사망
하고 말았다.

2003년에는 뜨거운 플라스마가 컬럼비아호 왼쪽 날개의 열 차폐
막 구멍으로 들어가 승무원들이 희생되었다. 2008년에는 소유스
TMA-11 지원선이 귀환선에서 제대로 분리되지 않았다(소유스호
는 궤도선, 지원선, 귀환선으로 이루어져 있다ㅡ옮긴이). 그래서 우주선
유도 시스템에 따라 가파른 각도로 재진입을 하여 승무원들이 큰
고통을 겪어야 했다. 당시 우주선은 열에 손상이 되었다. 조종실
에서 연기가 나고 거칠게 착륙했지만, 우주 비행사 세 명 모두 안
전했다. 정말 아찔한 재진입이었다.

11. 소유스호를 비롯한 ISS 운송선은 일반적으로 어떻게 재진입을 하
나?

지상 착륙 3시간 반 전쯤 ISS에서 도킹을 푼다. 그로부터 2시간 반
뒤, 역추진 로켓을 점화해서 궤도를 벗어나 대기권으로 들어간다.
이것을 탈궤도 점화라고 하는데, 재진입 속도까지 우주선이 감속
하는 데 4분 30초 정도 걸린다. 약 30분 뒤 일련의 분리장치가 작
동하면서 승무원이 탑승하지 않은 궤도선과 지원선이 귀환선에서
떨어져 나간다. 곧이어 귀환선이 고도 12만 2,000미터의 상층 대
기로 진입한다. 귀환선은 재진입 시의 엄청난 열을 견딘 다음, 드
로그drogue라는 작은 보조 낙하산을 편다. 그러면 착륙 15분 전에

소유스 우주선이 착륙 시 충격을 줄이기 위해 착륙 1초 전에 6개의 소형 역추진 로켓 연료를 분사하고 있다. (나사 제공)

귀환선이 안정적으로 낙하한다.

그다음 중요 단계로, 8,500미터 상공에서 주 낙하산이 펼쳐지면서 귀환선 속도가 느려진다. 이때 승무원들은 간 떨어지는 기분이 든 다! 주 낙하산이 펴지지 않을 경우를 대비한 보조 낙하산도 있다. 하나의 낙하산만 제대로 펴져도 승무원의 생존은 보장된다. 땅에 떨어지는 충격을 줄이기 위해 착륙 1초 전에 2개의 역추진 로켓 연료가 분사된다. 역추진 로켓 외에도 충격 흡수 의자와 특수 맞춤형 쿠션이 있지만, 카자흐스탄 평원에 착륙할 때 우주 비행사들 은 강한 충격을 받는다.

크루 드래건은 낙하산을 이용해 바다에 떨어지고, CST-100 스타라이너는 에어백 위로 안전하게 착지한다. 둘 다 착륙 시 쿵 하는 강한 충격을 받는다.

12. 우주에서 귀환할 때의 최적의 장치는 날개인가, 낙하산인가?

각 장치에 장단점이 있다. 날개가 달린 귀환선이라면 활주로에 부드럽게 착륙해서, 귀환선이나 승무원의 피해를 최소화한다. 그러나 그런 우주선에는 커다란 열 차폐막이 필요하다. 그리고 착륙 장치와 유압식 비행 조종 장치, 제동 장치 때문에 귀환선의 복잡도와 무게가 증가한다. 게다가 날개와 바퀴는 가격이 비싸다.

소유스, 크루 드래건, CST-100 스타라이너 같은 소형 유인 우주선은 1~3개의 낙하선을 이용해 안전하게 착륙한다. 낙하선은 구조도 간단하고 고장 날 것도 없지만, 바람과 하강 속도 때문에 착륙 시 강한 충격을 받을 수 있다. 어느 우주 비행사는 소유스호가 마치 벽돌을 가득 담은 대형 폐기물 통처럼 지면과 충돌했다고 표현했다. 그는 착륙 직전에 아무런 말도 하지 않았는데, 말을 하고 있다가 착륙의 충격으로 혀가 잘려 나갈 수 있었기 때문이다. 바다에 떨어지면 충격이 덜한 편이지만, 우주선이 소금물에 잠기게 되므로 전자 장비와 경량의 금속성 선체가 부식되어 재사용이 어려워진다. 나사에서는 오리온 우주선의 경우, 연착륙 로켓과 충격 완화 에어백의 무게를 덜기 위해 물에 떨어지는 쪽을 선택했다.

13. 다시 지구 중력으로 돌아올 때 육체가 어떤 반응을 보였나?

재진입을 하는 동안, 감속력 때문에 우주복이 팔과 어깨를 무겁게 눌렀고 헬멧은 가슴 쪽으로 쏠렸다. 무중력 상태에서 거의 3주 동

낙하산을 펼치고 하강한 오리온 우주선 시제품이 버지니아주 나사 랭글리 연구 센터의 물탱크에 물을 튀기며 착륙하고 있다. (나사 제공)

안 지낸 뒤 지구 중력으로 돌아오자 몸이 너무나 무겁고 둔하게 느껴졌다. 착륙 후에는 팔다리가 납덩이처럼 무거웠다. 좌석에서 일어나 우주선 해치 밖으로 나가는 데도 혼신의 힘을 다해야 했다. 그나마도 반가운 마음으로 지상 동료들의 도움을 받았다.

착륙한 뒤 30분쯤 지나자 몸무게가 정상으로 느껴졌다. 하지만 균형을 잡는 게 문제였다. 나는 두 발을 쩍 벌리고 조심조심 신중하게 걸어야 했다. 복도 중앙을 일직선으로 걷는 것조차 호락호락하지 않았다. 모퉁이를 돌 때는 복도 벽에 부딪히기도 했다. 근육을 다시 단련하는 데도 시간이 걸렸다. 착륙 후 병원에서 한번은 포도 주스 한 잔을 건네받은 적 있는데, 깜빡 잊고 잔을 제대로 붙잡지 않는 바람에 새 카펫 바닥에 떨어뜨리고 말았다.

이틀 후에도 몸을 숙여 떨어진 물건을 집으려다 몸이 나동그라지고 말았다. 사흘이 지나서야 비로소 균형감과 평형감각을 회복할 수 있었다.

컬럼비아호 착륙 이틀 뒤, 우리 승무원들이 찍어 온 지구 사진을 보기 위해 차를 몰고 우주 센터로 가는 길이었다. 이웃의 세 집을 지나 동네 골목을 나선 다음 우회전을 하다가 차가 도로 갓돌 위로 올라가 버렸다. 나는 그 자리에 차를 세워 놓고 집으로 돌아가 아내에게 운전을 부탁했다.

14. 수개월에 걸친 ISS 엑스퍼디션 미션을 마치고 돌아온 우주 비행사들은 어떤 느낌을 받나?

귀환한 우주 비행사들은 익숙하면서도 힘겨운 지구 중력에 다시 적응해야 한다. 이때 다양한 신체 증상을 겪게 된다. 피로, 두통, 창백해짐, 현기증, 발한, 메스꺼움을 겪고 심지어 구토를 하기도 한다. 불편한 증상들은 일시적이지만 1주일 정도 지속되기도 한다. 신체가 지구 중력에 다시 적응하기 위해 귀환 첫 주는 거의 종일 잠을 자거나 편안한 의자에서 빈둥거리며 보낸다. 귀환 첫 주의 설명회에서 졸다가 의자 옆으로 나동그라졌다는 우주 비행사도 있다. 엔지니어 청중들 바로 앞에서 말이다!

15. 가장 마음에 들었던 미션은 무엇인가?

나는 앞선 우주 비행의 경험과 시도, 기쁨이 다음 비행의 밑거름이 되었다고 생각한다. 두 차례의 인데버호 지구 관측 미션(STS-

저자의 STS-98 우주 왕복 미션 완수 후, ISS에서 도킹을 푼 뒤 포착된 아틀란티스호의 모습. (나사 제공)

59, STS-68)을 마친 다음에는, 영예롭게도 컬럼비아호를 타고 인공 위성 발사 미션(STS-80)을 수행했다. 이 비행에서 우리 승무원들은 18일이라는 최장 시간 우주왕복선 미션 기록을 세웠다. 다음에는 아틀란티스호 미션(STS-98)을 맡아, 힘겨운 ISS 추가 건설 작업과 세 차례 우주유영을 했다.

마지막 아틀란티스호 미션에서는 우주왕복선 비행으로 가능한 거의 모든 경험을 했다. 상승과 랑데부, 도킹, 로봇 팔 작업, 우주유영, 우주정거장 방문과 건설, ISS 승무원과의 만남, 지구로의 멋진 귀환 등이 그것이다. 이들 미션 하나하나가 모두 내 경력의 하이라이트였다. 이 중 어느 미션이 가장 마음에 들었다고 꼭 집어 말할 수 있겠는가?

제 12 장
지구 귀환

2014년 최초 시험비행을 한 오리온 우주선이 착수한 직후, 미 해군 전함이 오리온호를 회수하고 있다. (나사 제공)

1. 궤도에서 지구로 귀환한 후 가장 좋았던 점이 무엇인가?

착륙 직후, 지구의 온갖 향기와 산들바람의 속삭임, 얼굴에 닿는 따뜻한 햇볕이 너무나 좋았다. 다음으로 설레었던 것은 가족과의 재회였다. 수개월 동안 심한 스트레스와 위험으로 가득한 강도 높은 훈련과 미션을 수행한 뒤, 한 가족의 일상생활로 돌아오는 것은 멋진 경험이었다. 그 밖에 좋았던 것으로는 기분 좋은 온수 샤워, 귀환 후 첫날밤 방해받지 않고 푹 잔 일, 피자와 신선한 과일, 치즈버거 등을 꼽을 수 있다.

2. 우주 비행사들은 미션을 마치고 지구로 귀환한 뒤 어떻게 집으로 돌아가나?

국제우주정거장ISS 엑스퍼디션을 마친 우주 비행사들은 소유스호를 타고 카자흐스탄의 대초원에 착륙한다. 일차 의료 진료를 받은 뒤 러시아 군대의 헬기를 타고 인근 카라간다 공항으로 이송된다. 러시아 우주 비행사들은 카라간다 공항에서 모스크바 외곽의 스타 시티로 돌아간다.

한편 미국 우주 비행사들은 카라간다 공항에서 비행 군의관과 지원 승무원이 동승한 나사 제트기에 탑승한다. 그리고 편안한 안락의자에 앉아 휴스턴으로 직행한다. 비행 군의관들은 존슨 우주 센터에서 우주 비행사들이 철저한 검사를 받은 뒤 재적응 훈련에 들어가기를 바란다. 그래서 우주 비행사들은 귀환한 지 24시간 이내에 존슨 우주 센터의 승무원 숙소로 돌아와 철저한 의료 검사를 받은 다음에야 가족과 재회할 수 있다.

상업용 우주선을 타고 귀환한 우주 비행사들은 미국 해안선 가까이 해상 착륙하거나 미국 영토에 지상 착륙한 다음, 신속하게 검진을 받은 뒤 곧장 휴스턴으로 날아가 재활 훈련을 시작한다.

3. 귀환한 우주 비행사들의 일과는 어떻게 되나?

ISS에서 귀환한 우주 비행사들은 지구 중력에 다시 적응하는 데 시간이 걸린다. 그래서 귀환 첫날은 존슨 우주 센터의 승무원 숙소에서 지내면서 비행 군의관들과 연구원들에게 1차 건강검진을 받는다.

이후 3주 동안 여러 차례 집중 검사와 재활 훈련을 받는 과정에서 의사들은 우주 비행사들을 면밀히 점검한다. 우주 비행사들은 하루 최소 2시간은 의료 검사와 재활 훈련을 받는다. 이 중 어떤 것은 건강 상태에 맞춰 회복 속도를 측정하기 위한 것이고, 어떤 것은 장기간의 우주여행이 건강에 미치는 영향을 연구하기 위한 것이다. 휴식을 취하며 걷기 능력과 균형 감각을 회복하는 동안에는 아주 가벼운 임무만 부여받는다.

매일 재활 훈련을 받는 도중에도 비행 보고서를 작성하고, 궤도에서 찍은 수천 장의 사진을 검토한다. 또한 수행한 우주 탐사에 관한 자세한 정보를 비행 관제사와 엔지니어, 교관, 그리고 미션을 준비 중인 다른 우주 비행사들에게 제공한다. 그리고 동료와 함께 탐사 보고서를 작성해 휴스턴과 모스크바에 있는 ISS 계획 관리자에게 보낸다.

우주에서 돌아온 지 2~6개월이 되면 당연히 누려야 할 휴가에 들어간다. 휴가를 보낸 다음에는 다시 우주 비행사 부대로 돌아가 새로운 임무를 부여받는다.

오리온 우주선이 2014년 12월의 시험비행을 마치고 태평양에 착수한 직후의 모습.
(나사 제공)

4. 임무를 마치고 돌아온 우주 비행사들이 겪는 의료 문제에는 어떤 것들이 있나?

　　ISS에서 귀환한 우주 비행사들은 착륙 당일부터 1주일 정도는 몸이 유난히 무겁게 느껴진다. 계속 지구 중력을 받기 때문에, 그동안 궤도에서 규칙적으로 열심히 운동을 해 왔다 해도 쉽게 지친다. 대부분 착륙 직후 걸을 수는 있어도 걸음걸이가 불안하고, 걷는 일 자체가 여간 고단한 게 아니다. 궤도에서는 혈류량이 적기 때문에 지구 귀환 뒤 며칠 동안은 탈수 상태가 된다. 여분의 수분을 섭취해도 때로 현기증이 난다.

　　ISS의 일부 우주 비행사는 한 달에 뼈 질량의 1퍼센트를 잃기도 한다. 그러나 궤도에서 효과적인 근력 훈련을 통해 뼈에 계속 부담을 주면 손실 양을 줄일 수 있다. 열심히 운동 스케줄을 소화해 낸 이들은 뼈 질량과 심폐 기능의 손실이 거의 발생하지 않는다. 그러나 신체 협응력과 균형 감각을 회복하는 데는 시간이 걸린다. 수개월 동안 내이의 평형기관에서 보내는 신호를 뇌에서 무시해 온 탓에, 지구에 돌아오면 '아래'가 어느 쪽인지 헷갈리게 된다. 한 주 이상 메스꺼움이 지속되는 일도 드물지 않다.

ISS 승무원의 절반 이상에서 보이는 심각한 문제는 시력 감퇴다. 대개는 원시가 되는데, 시력 감퇴 현상이 착륙 이후에도 지속될 수 있다. 안과 검사를 해 보면 두개골 안의 액압이 높아진 환자들에게서 보이는 것과 비슷한 시력 이상이 관찰된다. 자유낙하 상태에서 우주 비행사들의 체액이 머리로 쏠리면서 시신경과 망막에 과도한 압력이 가해져 시력 변화를 일으킨 것으로 연구자들은 보고 있다.

5. 우주 비행사들은 착륙 후 어떤 의료 검사를 받나?

심폐 기능 검사, 시력과 청력 검사, 반사 신경과 균형 감각 검사 등을 받는다. ISS에서 귀환한 우주 비행사들은 균형 감각을 회복하는 데 상당한 어려움을 겪는다. 비행 군의관들은 신체 균형 감각을 검사하기 위해 경사진 발판에 우주 비행사들을 세우고 반응을 살펴본다. 또 자유낙하 상태에서 돌아와 순조롭게 회복하고 있는지 확인하기 위해 나를 반듯이 눕혔다가, 직립 자세로 회전시키며 초음파로 심장의 혈류량을 측정하기도 했다. 실내 자전거 페달을 밟을 때의 산소 흡입량도 검사했다. 우주 비행 이전의 심폐 기능과 비교하기 위해서였다.

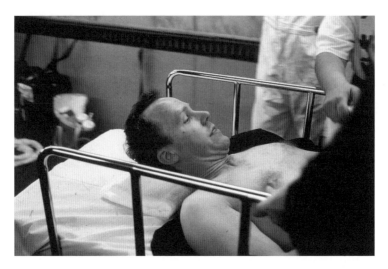

우주왕복선 인데버호의 미션 STS-68을 수행하고 귀환한 뒤 의료 검사를 받고 있는 저자. (나사 제공)

6. ISS 장기 미션에서 돌아온 뒤 회복하는 데는 얼마나 시간이 걸리나?

4~6주 걸린다. 착륙한 후부터 발사 전의 신체 협응력과 체력, 근력을 되찾기 위한 재활 훈련에 들어간다. 처음 2주 동안은 균형 감각을 잡는 일이 특히 어렵다. 넘어지는 것을 방지하기 위해 샤워도 욕조에 앉아서 한다.

재활 훈련은 45일간, 평일마다 2시간씩 진행된다. 처음에는 걷기와 유연성, 근력 강화에 중점을 둔다. 그다음에는 균형 감각 훈련과 심장 강화 운동을 한다.

이어 전반적인 신체 기능을 회복하는 훈련을 한다. 재활 코치가 승무원 한 사람 한 사람을 위한 단계별 맞춤 훈련을 시키는데, 처음에는 수영과 물속 걷기 훈련부터 한다. 이어 러닝머신이나 야외

걷기 연습을 하고, 체육관에서 근력 강화 운동을 한다. 마지막으
로 조깅과 달리기를 한다.

신체 협응력은 서서히 회복된다. 그러나 한 달만 지나면 자기가
좋아하는 운동을 시작할 수 있다. 지구 귀환 후 첫 3주 동안 운전
은 생각도 하지 말라고 비행 군의관들은 권고한다. 그러나 재활
훈련이 무척 효과적이어서 대부분 4~6주 지나면 염려될 만한 장
기 후유증이 거의 없이 일상 업무에 복귀할 수 있다.

나사 우주 비행사 테리 버츠가 2015년 착륙 후, 소유스호 TMA-11에서 나오고 있다.
(나사 제공)

7. 우주에서 귀환한 뒤 잠은 제대로 잤나?

18일 동안 궤도에서 지내고 돌아온 첫날밤에는 잠을 설쳤다. 베개
를 놓치면 몸이 천장까지 둥둥 떠오를 거라고 철석같이 믿고 허둥

거리는 꿈도 꾸었다! 밤이 낯설고 불안했다! 꿈자리가 뒤숭숭했지만 그래도 잠이 반가웠다. 궤도에서 잠을 깬 후 거의 24시간 동안 눈을 붙이지 못했기 때문이다.

8. 우주 비행으로 인한 의학적 장기 후유증은 없나?

좋은 소식은, 일단 지구로 귀환하면 대부분의 신체 기관이 정상으로 돌아온다는 사실이다. 지금까지는 6개월 이상 궤도에서 지내고 귀환한 뒤 장기적으로 신체에 해로운 어떠한 영향도 나타나지 않았다.

다만 공간과 연관된 시력 변화가 착륙 후에도 지속될 수 있다. 이는 ISS의 미래 승무원들에게도 중요한 문제다. 우주 비행사들은 혹시라도 일어날 수 있는 문제를 진단받기 위해 우주에서 귀환한 후 수년 동안 나사 건강관리 전문가의 추적 관리를 받는다. 길게는 몇십 년 동안 관리를 받는 경우도 있다. 이런 사후 관리의 일환으로 나사에서는 지금도 귀환한 우주 비행사들의 건강 진단을 해마다 하고 있다. 예를 들어, 우주에서 생활하면 뼈 손실이 일어날 수 있다는 사실이야 잘 알지만, 뼈 손실로 인해 나이 들면서 골절 위험이 증가하는지는 아직 알지 못한다. 다만 우주유영 경험이 있는 나사 우주 비행사는 백내장의 발병 위험이 일반인보다 약간 높은 것으로 보인다. 아마도 우주선 바깥에 있는 동안 강도 높은 방사선에 노출되기 때문일 것이다.

9. 우주 비행을 하면 보너스를 받나?

그런 생각이 들 수 있겠지만, 나사 우주 비행사는 연방 정부의 피

고용인으로 우주 비행을 했다고 해서 추가 보수를 받는 일은 없다. 비행을 더 자주 했다고 해서 보수를 더 주지도 않는다. 나처럼 3,620만 킬로미터나 우주 비행을 한 사람이라면 서운할 만도 하다! 자동으로 승진되는 일조차 없으니 말이다. 다만 우주에서 성공적인 경력을 쌓으면 군대나 공직에 나갈 때 보탬이 될 수는 있다. 우주 비행사는 일반직 공무원 15등급(최고는 18등급―옮긴이), 군대로 치면 대령에 준하는 대우를 받는다. 러시아 우주 비행사들은 미국보다 보수가 적지만, 우주유영이나 수동으로 진행한 랑데부, 도킹 작업, 세간의 이목을 끄는 실험 등 지구 궤도에서 수행한 임무에 대해 추가 보너스를 받는다.

10. 몇 살까지 우주 비행사로 일할 수 있나?

인류의 우주 비행에 기여할 의욕이 있는 한, 그리고 매년 행하는 신체검사에 합격하는 한, 우주선 탑승 자격을 계속 유지할 수 있다. 우주왕복선 미션 STS-80을 함께한 동료 승무원 스토리 머스그레이브 박사가 우리와 함께 컬럼비아호에 탑승했을 때 나이가 61세였다. 머스그레이브는 최고령의 나이에 직업 우주 비행사로 우주를 비행한 기록을 세웠다. 1962년에 미국인 최초로 궤도를 비행한 존 글렌이 1998년 77세에 우주로 가긴 했지만, 그건 우주 비행사가 아니라 과학기술자payload specialist로 간 것이다. 나사에서는 소중한 우주 체험을 많이 한 베테랑 우주 비행사들에게 관리직을 맡아 주기를 요청하고 있다. 우주정거장 비행사 중에는 50대 후반이 되어서도 궤도로 떠나는 사람이 많다.

블루 오리진사의 상업용 준궤도 캡슐 뉴 셰퍼드호가 2015년 시험비행 발사를 하고 있다. (블루 오리진사 제공)

11. 모든 우주 비행사가 한 차례 이상은 우주 비행을 하나?

궤도에서 훌륭히 임무를 완수한 경우, 한 차례 이상의 후속 미션을 더 수행할 자격을 얻게 된다. 나사에서는 소속 우주 비행사들이 값비싼 대가를 치르고 얻은 궤도 경험을 십분 활용하기를 바란다.

그러나 오늘날은 과거 우주왕복선 발사가 절정을 이뤘던 시기에 비해 우주 비행 기회가 많지 않다. 해마다 6명 정도의 ISS 나사 승무원들만 궤도 비행을 한다. 1990년대에 해마다 30명 이상이 우주왕복선으로 궤도 비행을 한 것에 비하면 약소한 숫자다. 현재 우주 비행사들은 첫 비행을 하기까지 5~10년을 기다려야 하고, 두 번째 비행까지는 다시 5년을 기다려야 한다.

12. 우주 비행사 부대가 해산된 후에는 무엇을 하나?

군대로 돌아갈 수도 있고, 공부를 다시 시작하는 경우도 있다. 아니면 항공 우주 업계에서 일할 수도 있다. 내 경우, 우주 비행 컨설턴트로 일하면서 책과 기사를 쓰고 대중 강연도 자주 한다. 내가 특히 관심을 갖는 부분은, 정책 입안자들에게 달과 소행성 탐사의 가치를 설득하는 것이다. 가치의 예를 들면, 값비싼 원재료 채취, 먼 우주 작전의 경험 축적, 미래에 있을지 모르는 파괴적 소행성의 지구 충돌 예방 등이 있다. 나는 또 우주 탐험가 협회, 우주 비행사 장학 재단, 우주 비행사 추모 재단 등의 단체에서 진행하는 자원봉사도 하고 있다.

13. 다시 우주에 갈 생각인가?

아니다. 결혼 생활을 원하는 한.

14. 우주에서 해 보고 싶은 일을 다 해 봤나?

나는 우주에서 아주 분주하게 지냈다. 날마다 될수록 많은 경험을 쌓으려고 노력했다. 한 가지 아쉬운 게 있다면 우주유영을 하는 동안 주변을 많이 둘러보지 못했다는 것이다. 할 일이 너무나 많았던 탓이다! 우주정거장에서도 할 일이 어찌나 많은지 스쳐 지나가는 세계를 창밖으로 훔쳐볼 겨를이 별로 없을 정도였다. 마지막 우주유영 때가 되어서야 겨우 몇 분 짬을 내서, 경외감을 자아내는 하늘과 지구를 넋 놓고 바라보았을 뿐이다. 야간에 헬멧 조명을 끈 채 별들과 은하수의 장관을 보았으면 더욱 좋았을 것이다. 나는 우주왕복선 과학 미션을 세 차례 수행했다. 네 번째 우주 비행 때는, 지금껏 지어진 가장 크고 복잡한 우주선인 ISS 건설에 한몫 거들었다. 이 모든 일이 나에게는 커다란 영예가 아닐 수 없다. 만일 나사에서 추진하기만 했다면 서슴없이 달과 소행성으로 날아갔을 것이다.

15. 우주 비행사가 되기까지 힘든 과정을 거쳤는데, 그럴 만한 가치가 있었나?

우주 비행사라는 직업은 내 경력의 정점이었다. 우주 경험은 그 무엇보다 멋졌고, 잊을 수 없는 기억으로 아로새겨졌다. 내가 지구 궤도에 오르기 위해 했던 모든 준비와 훈련이 그럴 만한 가치가 있다는 사실을, 나는 첫 임무 때 바로 알아차렸다. 우주 비행사 일은 확실히 고되긴 했지만 항상 흥미진진했다. 나는 우주에 있을 때만큼 열심히 일한 적이 없다고 사람들에게 말하곤 한다. 그러나 동시에 우주에 있을 때만큼 많이 웃어 본 적도 없다. 궤도에서 여러 날을 지낸 뒤 막바지에 이르면, 너무 많이 웃어서 볼따구니가 뻐근할 정도였다.

16. 우주 비행사 동료들을 지금도 만나나?

나는 동료 승무원들과 작은 공간에서 수년 동안 함께 지내며 훈련을 받았다. 강렬하고 놀라운 우주 경험도 함께했다. 우리는 각자의 생명이 동료의 손에 달려 있는 상황에서 서로를 완벽히 신뢰했다. 이런 연대감 때문인지 임무가 종결되고 여러 해가 지난 지금도 다시 만나면 금세 편안하고 끈끈함을 느낀다. 우리는 각종 회의와 나사의 행사, 우주 탐험가 협회 모임 등에서 자주 만난다. 그

인데버 우주왕복선의 임무 STS-68 도중 조종실에서 지구를 관측하는 저자 모습. (나사 제공)

러면 자연스레 함께한 우주 비행의 추억을 나눈다. 우주를 인연으로 맺어진 이 우정은 너무나 깊어서, 서로 연락을 끊는다는 건 상상도 할 수 없다.

나사 우주 비행사 존 영이 1972년 아폴로 16호 달 착륙 미션 도중 공중에 뜬 채 성조기를 향해 경례하고 있다. (나사 제공)

1. 우주 탐험에 투자하는 것이 중요한 이유는 무엇인가?

어느 사회나 더 나은 삶을 위해 적은 자원이라도 해마다 투자해야 한다. 나사의 우주 탐험 예산은 미국 정부 지출의 1퍼센트 미만이다. 조촐한 이 투자로 지구의 삶을 다양하게 개선해 나갈 수 있다. 우주 탐험은 정교한 신기술을 창안해 내고, 우주와 지구에서 새로운 자원을 발굴하며 신사업을 개척한다. 또 젊은이들을 자극해서, 미래에 닥칠 문제를 해결하기 위한 과학자와 엔지니어가 되도록 고무한다. 그뿐만 아니라 지구와 태양계, 우주에 관한 지식도 확장시킨다. 또 우주 탐험은 미래에 있을지 모르는 지구와 행성의 충돌을 막는 유일한 방법이기도 하다. 이만하면 투자에 비해 꽤 괜찮은 수익이다.

2. 이제는 우주의 어디에 우주 비행사를 보내야 하나?

가장 가깝고 확실한 행선지는 사흘밖에 걸리지 않는 달이다. 달 탐사는 과학 연구를 위한 매력적인 기회일 뿐만 아니라, 자원 확보의 기회다. 달 자원으로 달 기지를 유지할 수도 있다. 달의 극지방에 있는 얼음물과, 달의 흙, 곧 표토 물질에서 나온 산소와 금속으로 달 기지를 자체 유지할 수 있으며, 지구 귀환에 필요한 연료도 얻을 수 있을 것이다.

근지구 소행성들 역시 매력적인 목적지다. 수많은 소행성이 지구에 꽤 가까이 접근해서, 달에 가는 것보다도 로켓 동력이 적게 든다. 착륙선도 필요 없다. 중력이 약한 소행성 옆에 그저 나란히 멈춰 서기만 하면 된다. 그러나 소행성 왕복 여행에는 최소 4~6개월이 걸린다. 방사선 차폐와 신뢰할 수 있는 생명 유지 장치도 필요

550미터 크기의 근지구 소행성 이토카와. 일본의 하야부사 우주선에서 촬영한 모습.
(일본 우주항공 연구개발 기구 제공)

하다.

우리가 나아가야 할 길은, 우선 달에 로봇을 착륙시켜 달 자원을 탐사한 다음, 달 표면 탐사를 위해 우주 비행사들을 단기간 보내는 것이다. 아니면 달 탐사선을 타고 수백만 킬로미터 떨어진 근지구 소행성에 갈 수도 있다. 그러면 20년 후에는 화성에 도달할 수 있는 충분한 경험이 축적될 것이다.

3. 해결해야 할 지구의 문제도 많은데 굳이 우주를 탐험해야 할 이유가 있나?

지구에서 직면한 문제들에 대한 뜻밖의 해법을 발견하는 데 도움이 될 수 있다. 예를 들어, 나사에서 개발한 국제우주정거장ISS 정수 시스템을 응용해 쿠르드 자치구의 외딴 마을에 안전한 식수를 공급할 수 있었다. 그리고 ISS에 탑승한 우주 비행사의 뼈 건강에 관한 연구를 통해 수백만 명의 노인을 괴롭히는 골다공증의 치료법에 한발 더 나아갈 수 있었다.

우주 탐험은 인류가 직면할지 모르는 가장 두려운 자연 재해, 즉 파괴적인 소행성 충돌을 예방하는 방법이기도 하다. 1908년 러시아의 퉁구스카 지역에 도시 하나를 뭉개 버릴 수 있는 소행성이 떨어진 적이 있다. 2013년에는 러시아 첼랴빈스크에서 그보다 작은 소행성이 공중 폭발해 약 1,000명의 사람이 입원을 했다. 우리는 언제든 소행성과 다시 충돌할 수 있다. 우주 탐험은 소행성 충돌을 대비하는 보험 증서인 셈이다. 소행성을 지구와의 충돌 진로

위험한 근지구 소행성에 로봇 우주선을 충돌시켜 궤도를 이동시킴으로써 지구와의 치명적인 충돌을 피하는 장면을 그린 상상도. 관측 우주선이 변경된 진로를 확인하고 있다. (유럽우주국 제공)

에서 살짝 비껴가게 하는 기술을 탑재한 로봇 우주선을 발사할 수 있어야 한다.

4. 최근 우주 탐험은 실질적으로 어떤 성과를 거두었나?

나사에서는 궤도에 띄운 우주 망원경 렌즈를 닦는 과제를 수행하다가, 환자의 눈을 검사하고 치료 계획을 수립하는 레이저 비전 시스템laser vision system을 개발했다. 또 ISS 우주 비행사들의 뼈 손실 측정을 위해 개발한 스캐너는 현재 지구에서 골다공증 조기 진단에 사용되고 있다. 뼈 손실을 줄이는 우주 실험 기술은 골다공증의 예방과 재활에 도움을 줄 수 있다.

우주왕복선의 열 차폐 타일을 수리할 목적으로 개발된 고분자 소재는 고온으로 가열하면 강한 세라믹이 된다. 이것이 지금은 군사, 항공, 자동차의 각종 장치 보호용으로 쓰이고 있다.

나사에서는 또 ISS에서 키우는 식물의 수분을 측정하는 나뭇잎 수분 측정기도 개발했는데, 현재 한 업체에서 특허 비용을 내고 사용 중이다. 수분 측정기는 지구 식물의 수분이 부족할 때 농부에게 직접 문자 메시지가 전달되는 장치다.

오리온호의 생명 유지 장치를 개발한 회사는 현재 이 기술을 극도의 위험 환경에서 작업하는 심해 잠수부의 고등 잠수복을 만드는 데 쓰고 있다. 지상의 삶을 향상시키는 최신 우주 혁신에 대해서는 나사의 스핀오프 웹사이트(spinoff.nasa.gov)에 자세히 나와 있다.

5. 우주에는 인간에게 값진 어떤 물질들이 존재하나?

물이나 산소 같은 자연 자원과 달, 소행성 및 여러 행성의 금속은

21세기 우주 탐험과 지구 밖의 삶을 가능케 할 핵심 물질이다.

우주에서 물은 특히 소중하다. 물의 구성 성분인 산소와 수소는 로켓의 강력한 추진 연료로 사용할 수 있기 때문이다. 달의 극지방에는 물이 존재하고, 일부 소행성 표층에 물을 머금은 광물이 있다. 달과 소행성의 암석에서 산소를 얻을 수도 있다.

화성의 대기는 수증기를 머금고 있다. 피닉스 화성 탐사선은 화성 북극 근처의 표층 바로 아래에서 물이 얼어 생긴 얼음을 발견했다. 화성 극지방의 만년설은 오대호의 100배 이상 물을 함유한 것으로 추정된다. 짠 소금물이 화성 분화구의 내측 경사면을 타고 흘러내린 자국을 화성 정찰위성이 2015년에 탐지하기도 했다. 화성 극지방과 적도 사이, 흙먼지와 암석 밑의 동토와 빙하에는 더 많은 얼음이 묻혀 있을 것이다.

이런 수자원의 존재는 달과 소행성, 그리고 화성에서도 태양열과 원자력 에너지로 산소와 로켓 연료를 만들 수 있다는 뜻이다. 그렇다면 달과 소행성, 그리고 화성에서 생존하고 탐사하는 데 드는 비용을 크게 줄일 수 있다.

6. 달과 소행성, 화성을 탐사하는 데는 어떤 새로운 우주선이 필요한가?

나사에서는 현재 오리온 다목적 유인 우주선을 시험 중이다. 오리온 우주선은 달과 그 너머까지 4명의 우주 비행사를 실어 나를 수 있다. 오리온 우주선의 열 차폐막은 시속 4만 500킬로미터 이상의 속도로 지구로 귀환할 때 발생하는 섭씨 2,760도 이상의 온도에도 견딜 수 있다. 오리온 우주선은 2018년에 다시 무인 시험비행에 나설 준비를 하고 있다.

달 표면 탐사를 하기 위해서는 우선 착륙선이 필요하다. 아마도 이것은 달에 있는 물을 분해한 산소와 수소로 연료를 재충전하게 될 것이다. 소행성에서 작업하기 위해서는 저중력 표면 위를 가볍게 떠서 활강할 수 있고, 닻을 내려 정박할 수 있고, 로봇 팔이 달린 1~2인용 탐사선이 필요할 것이다.

화성 도전은 호락호락하지 않다. 머나먼 화성에 도달하려면 강력한 로켓 추진 장치와 방사선 차폐가 가능한 거주 공간, 열 차폐막이 있는 착륙선, 낙하산, 연착륙 엔진 등이 필요하다. 화성에서는 지하의 얼음이나 대기의 수증기에서 얻은 물로 로켓 추진 연료를 만들어 이륙에 필요한 연료를 재충전할 수 있을 것이다. 우주여행자들이 지구로 안전하게 돌아오기 위해서는 오리온 우주선 같은 재진입 모듈도 필요할 것이다.

7. 달에 가 보았나?

안타깝게도 가 보지 못했다. 어린 시절 아폴로 우주 비행사들은 내 영웅이었다. 마침내 우주 비행사가 된 나는 달에 가서 계속 탐사를 하는 데 조금이나마 보탬이 될 줄 알았다. 그러나 그러지 못하고, 대신에 ISS를 추가 건설하는 데 힘을 보탰다. 우주정거장은 인간이 다시 달에 가거나 가까운 소행성과 화성에 도달하려면 꼭 알아야 하는 많은 지식을 얻을 수 있는 곳이다. 장차 우주 비행사가 되려는 지금의 젊은이들 중 상당수가 분명 달 표면에 발을 내디딜 수 있을 것이다. 또 붉은 행성, 곧 화성에 인간의 거주지를 만들 수도 있을 것이다.

8. 왜 아폴로 이후 다시 달에 가지 않았나?

미국이 달 착륙 경쟁에서 승리하고, 1970년경 달에 갔다 오겠다는 케네디 대통령의 약속이 이루어진 뒤, 그 이상의 달 착륙에 대한 관심이 급격히 시들해졌다. 미국 정치인들은 나사의 예산을 삭감했고, 마지막 두 차례의 아폴로 달 착륙 미션을 취소했다. 나사에서는 우주왕복선 개발로 관심을 돌렸다. 그 후 스카이랩 우주정거장의 장기 미션 수행을 위해 우주 비행사들을 지구 궤도로 쏘아 올렸다. 우주왕복선은 ISS를 건설하고 유지하는 데 중요한 역할을 했다. 하지만 우주정거장은 지구 저궤도에 위치한 기지라 한계가 있었다.

1990년에 조지 H. W. 부시 대통령은 2000년까지 다시 달에 간다는 계획을 국회에 제출했지만 거부당했다. 2004년에는 그의 아들 조지 W. 부시가 2020년까지 우주 비행사를 달에 보낸다는 계획을 재차 제출했다. 그러나 부시도, 이후의 오바마 대통령도 달 탐사 재원을 마련하는 데 실패했다.

현재는 중국과 러시아, 그리고 유럽 국가들이 우주 탐험가들을 달에 보내는 데 관심을 보이고 있다. 나는 미국이 이들 국가들과 협력해서 아폴로 우주 비행사들이 달에 남긴 발자취를 잇는 노력을 계속할 수 있을 거라고 확신한다. 정작 '언제' 할 수 있을지는 기술적 문제가 아닌 정치적 결단의 문제다.

9. 우주 비행사가 다시 달 탐사를 해야 하는 이유는 무엇인가?

아폴로 우주 탐험가들은 달 과학 이야기의 바다에 발만 담가 보았을 뿐이다. 지구와 달의 초기 역사에 관해 알려면 우선 달의 고

아폴로 17호의 승무원이 1972년에 찍은 달 사진. 왼쪽 끝의 검은 부분이 남극의 아이트켄 분지. (나사 제공)

대 지각crust과 맨틀 표본을 채취해야 한다. 그러자면 달의 남극에 있는 아이트켄 분지에 착륙해야 한다. 달에서 가장 오래되고 가장 깊은, 거대한 이 크레이터의 가장자리에 착륙하면 오래된 표본을 채취할 수 있다. 또한 월면차를 타고 수백 킬로미터를 이동하면서 암석 표본을 채취하고, 젊은 화산도 조사하고, 용암굴을 뚫어 안전한 기지도 지어야 한다.

더 멀리 우주 탐사를 하기 위해, 고요한 달의 뒷면에 전파 망원경을 설치할 수도 있을 것이다. 또한 극지방 부근의 그늘진 초저온 크레이터에서 얼음 퇴적물도 채굴해야 한다. 여기서 물과 산소, 로켓 연료를 얻을 수 있을 것이다. 달 자원 채굴은 화성에서 생존하기 위한 기술 훈련이라고 할 수도 있다.

10. 소행성 자원은 왜 캐려고 하나?

우리는 달과 소행성에서 물을 얻는 방법을 배워야 한다. 물 분자 하나는 산소 원자 하나와 수소 원자 두 개로 이루어져 있다. 우주에서 캐낸 물은 우주 비행사가 마실 물과, 숨 쉬는 데 필요한 산소, 그리고 강력한 로켓 연료를 만드는 재료가 된다.

지구에서 물탱크를 쏘아 올리는 데 드는 비용을 감안하면, 물이 풍부한 지름 500미터의 소행성 하나만도 5조 달러의 가치가 있다. 작은 소행성은 중력도 거의 없어서 물탱크 우주선이 왕래하기도 쉽다.

지구와 가까운 궤도를 도는 소행성은 수천 개에 이른다. 그중 몇 개의 소행성 자원을 로봇으로 채굴해 지구-달 사이의 우주에 정기적으로 물을 보급함으로써 화성으로 향하는 우주선의 연료로 쓸 수 있다. 소행성에서는 우주에서 사용될 금속과 유기 화학물질도 얻을 수 있다. 또 지구로 가져갈 만한 가치가 있는 백금 등 값비싼 원소도 캐낼 수 있다.

11. 나사에서는 근처의 소행성을 왜 지구로 가져오려 하나?

나사에서는 1972년 아폴로 계획 종료 이후 처음으로 다시 먼 우주를 탐사하는 데 열중하고 있다. 나사에서는 새 오리온 우주선과 우주발사장치를 우주로 쏘아 보낼 정도의 돈은 있지만, 달 표면과 그 너머 몇백만 킬로미터 떨어진 근지구 소행성까지 우주 비행사를 보낼 돈은 없다. 적어도 2020년대 말까지는 말이다. 그래서 나

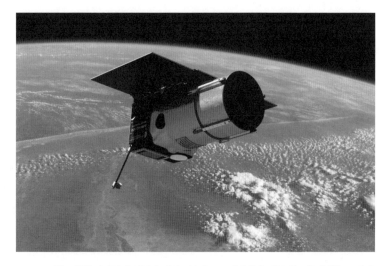

로봇 소행성 탐사선의 선구자 아키드Arkyd-100 탐사선이 지구 궤도에 떠 있는 모습을 그린 상상도. (플래니테리 리소스사 제공)

사에서는 소행성 파편을 지구로 가져오자는 제안을 한 것이다.

나사에서는 태양열로 작동하는 로봇 우주선을 2020년에 발사할 계획이다. 근처 소행성에서 수톤에 달하는 직경 3~4미터 크기의 암석을 채취해 달 주변의 안전한 궤도에 올려놓기 위해서다. 그 후 풍부한 자원을 가진 이 오래된 소행성 파편이 있는 곳으로 오리온 우주선을 보낼 것이다. 우주 비행사들이 우주유영을 해서 표본을 채취하면, 이를 분석해서 태양계의 초기 역사에 관한 비밀을 밝혀 나가게 될 것이다.

12. 소행성이 지구와 충돌할 가능성을 걱정해야 하나?

우리 지구는 우주라는 사격장에서 태양 주위를 돌고 있는 과녁과 같다. 지구는 주변의 소행성, 곧 46억 년 전에 행성들이 만들어질 때 생긴 암석 천체와 끊임없이 마주친다. 날마다 100톤 정도의 소행성 파편이 지구와 충돌하고 있다. 거대 소행성이 지구를 타격하는 일도 종종 있다. 미래에 소행성이 지구와 충돌해 큰 피해를 줄 것은 거의 확실하다.

그러나 대규모 우주 재앙은 아주 드물게 일어난다. 지구 전체에 심각한 피해를 주는 소행성 충돌은 평균 10만 년에 한 번 꼴로 일어난다. 소행성 충돌로 인간이 사망할 확률은 비행기 사고로 죽을 확률과 같은 5만 분의 1 정도다.

우리는 소행성을 탐지하고 비껴가게 하는 기술을 가지고 있다. 하지만 대규모 재앙을 피하는 기술에 지금보다 더 많은 투자를 해야 한다. 소행성을 탐지하려면 지금보다 우수한 성능의 탐사 망원경을 지상과 우주에 설치할 필요가 있다. 또한 피해를 주지 않을 소행성이라도 로봇 우주선으로 살짝 방향을 틀어 우리가 그런 능력을 갖고 있음을 선보일 필요도 있다. 소행성과의 충돌을 10년 앞서 경고할 수 있다면, 소행성을 충돌 진로에서 벗어나게 할 시간을 벌 수 있다.

13. 우주 비행사가 소행성 충돌로부터 지구를 지킬 수 있나?

우주 비행사와 로봇이 소행성을 탐사하면 그 구조와 물리적 강도를 측정할 수 있다. 그러면 위험한 소행성과의 충돌을 피할 수 있는 최적의 방법을 찾아낼 수 있을 것이다. 그러나 지구에 위협을 가하는 불량 소행성rogue asteroid을 실제로 피하려면 로봇 우주선을 이용해야 한다.

로봇 우주선이 몇 년을 날아가면 태양 궤도를 도는 소행성에 도착할 수 있다. 로봇 우주선의 목표는 소행성의 회전 속도에 변화를 주어 지구와의 치명적인 조우를 피하게 하는 것이다. 확실히 성공할 수 있도록 로봇 우주선 여러 척을 보내야 한다. 태양 둘레를 도는 소행성과 함께 비행하면서 정확하게 경로를 추적함으로써 우리가 시도한 경로 변경의 결과를 확인할 우주선도 필요하다. 우주선으로 소행성을 들이받거나 폭탄을 터트려 소행성의 속도를 늦춰야 할 수도 있다.

더 일찍, 그리고 더 먼 곳에서 시도할수록, 우리는 더 많은 시간을 벌어서 최초의 시도가 실패할 경우에 대비할 수 있다. 할리우드 영화에서 보여 주는 장면과 달리, 소행성이 비껴가게 하는 데는 무인 로봇 우주선이 최선의 선택이다. 로봇 우주선은 편도 여행을 떠나더라도 서운해할 리가 없다.

14. 소행성을 비껴가게 하는 최선의 방법은 무엇인가?

지구와의 충돌을 막기 위해 소행성의 속도(와 궤도)를 바꾸는 효과적인 방법에는 이런 것들이 있다.

- 소형 또는 중형 소행성의 상공에 중력 견인 로봇 우주선을 띄운다. 우주선과 소행성 사이의 작은 중력 끌림을 이용해 소행성의 속도와 궤도를 변화시켜 지구를 비껴가게 한다.
- 운동 충격kinetic impact 우주선으로 소행성과 초속 10~20킬로미터의 고속 충돌을 일으킨다. 이 충돌로 소행성의 속도를 살짝 늦추어 지구를 비껴가게 한다.
- 지향성 에너지directed-energy(집중된 에너지를 특정 방향으로 방사하는 고출력 체계—옮긴이) 우주선으로 태양전지판을 이용해 레이저

2015년 2월 13일, 20미터 크기의 소행성이 러시아 첼랴빈스크 상공에서 폭발하는 장면. (M. 아메트발레예프/나사 제공)

소형 중력 견인 우주선이 소행성 옆에서 함께 비행하는 모습. 작은 중력 끌림을 이용해 안전한 궤도로 물체를 '견인'한다. (댄 두르다/ IAAA 펠로우 제공)

광선을 발사한다. 이 광선이 소행성 표면 일부를 기화시키고,
이렇게 해서 생긴 고열의 가스가 작은 추진기 역할을 함으로써
소행성의 속도를 변화시킨다.

가능성이 희박하지만, 사전 징후 없이 지구로 돌진하는 거대 소행
성을 우주 비행사가 탐지한 경우, 소행성 표면 가까이에서 핵폭탄
을 터뜨릴 수도 있다. 그러면 기화된 먼지와 바위가 섞인 뜨거운
물기둥이 만들어지면서 이것이 로켓 배기가스 구실을 해서 소행
성을 반대 방향으로 밀게 된다.

이런 방법으로 파괴적인 소행성 충돌을 막을 수 있다. 그러자면
대처할 수 있을 만큼 일찍 소행성을 발견해야 한다.

15. 화성이 특히 주목을 받는 이유는 무엇인가?

화성은 우리 태양계 행성 가운데 지구와 가장 비슷하다. 낮의 길
이가 24시간이 조금 넘고, 규칙적인 계절 변화가 일어난다. 계절
변화가 화성 지표면에 미치는 영향을 망원경으로 관찰할 수도 있
다. 즉 극지방의 만년설이 줄었다 늘었다 하고, 화성 전체에 걸쳐
먼지 폭풍이 일어나는 것을 관찰할 수 있다.

무인 우주선을 통해 우리는 사막처럼 황량하면서도 아름다운 화
성 사진을 받아 보았다. 화성의 기온은 지구보다 훨씬 낮다. 하지
만 여름 정오에는 기온이 영상으로 올라갈 때도 있다. 산소와 보
온 시스템을 갖춘 우주복을 입으면 잠깐 밖에 나가 아주 편안하게
산책을 할 수 있을 것이다. 로봇 탐사 차량이 보내온 사진을 보며,
모래언덕과 바위 능선을 거닐며 그곳에 무엇이 있는지 둘러보는
인간의 모습을 상상해 볼 수 있다.

대부분의 화성 표면 아래에는 얼음이 있고, 대기 중에는 수증기가 있다. 이런 곳이라면 인간도 살 수 있을 것이다. 열심히 노력해서 필요한 기술을 발전시킨다면 화성에 영구 기지를 세울 수 있을 것이다. 거기서 생명 신호를 탐색하며, 어쩌면 자급자족이 가능한 거주지도 건설할 수 있을 것이다.

16. 화성에는 어떻게 가나?

화성 탐사는 인간이 발휘할 수 있는 모든 창의력과 결단력을 필요로 한다. 현재의 화학 로켓을 사용할 경우, 화성에 갔다 오는 데 3년이 걸린다. 핵연료 로켓이라면 2년 이하로 줄일 수 있을 것이다.

현재의 시나리오에 따르면, 화성에 우주 비행사를 보내기 전에 먼저 식량과 보급품, 주거 모듈, 귀환선을 보낸다. 이때는 느리지만 효율적인 화물 예인선을 이용한다. 그리고 2년 후 우주 비행사들이 버스 크기의 모듈을 타고 약 6개월에 걸쳐 화성으로 빠르게 날아간다. 물론 화성 착륙선도 가지고 간다.

화성 궤도에 이르면, 미리 보낸 주거 모듈을 찾아 그 옆에 착륙한다. 승무원들은 방사선을 차단하기 위해 주거 모듈을 흙으로 덮어야 할 것이다. 그들이 화성에 도착하기 전에 로봇이 대신해서 흙을 덮을 수도 있다. 약 18개월의 화성 탐사를 마치면 승무원들은 귀환선을 타고 화성을 떠난다. 이때 화성에서 만든 로켓 추진 연료를 사용한다. 화성을 떠나는 날짜는 지구에 가장 빨리 귀환할 수 있는 타이밍에 맞추어 결정한다.

일단 화성 궤도에 다시 진입하면 순항선과 도킹해, 화성에서 채집한 과학 표본들을 옮겨 싣고, 화성 궤도를 벗어나 6개월에 걸쳐 지

구로 돌아온다. 마지막으로, 승무원들을 태운 우주선은 낙하산을
펼치고 지구 대기로 바로 하강하거나, 지구 궤도를 도는 우주정거
장과 랑데부를 한다. 화성에 남겨진 주거 모듈은 로봇이 관리하
며, 다음 탐사에 대비한다.

17. 화성에 사람을 보내는 데 돈이 얼마나 드나?

생각보다 적게 든다. 최근 연구에 따르면, 약 30년에 걸쳐 처음 아
홉 차례의 탐사대를 화성에 보내는 데 1,300억 달러가 들 것으로
추산되었다. 인플레이션을 감안하면 아폴로 달 착륙 계획에 10년
동안 투자한 것과 같은 금액이다.

향후 30년간 나사에서는 화성 탐사에 약 43억 달러를 쓰게 될 것이
다. 이는 당초 기획한 것의 4분의 1도 되지 않는 금액이다. 2014년
미국 정부는 국민에 대한 부적절한 지출과 낭비성, 중복성 계획에
1,250억 달러를 썼다. 이것을 해마다 5퍼센트만 줄일 수 있다면
화성 탐사 비용을 넉넉하게 마련할 수 있을 것이다.

18. 소행성에 우주 비행사를 보내는 것이 화성 탐사에도 도움이 되나?

나사에서는 화성 탐사 전략의 일환으로 우주 비행사들을 근지구
소행성에 보내자는 제안을 했다. 달을 지나 소행성까지 우주 비행
사를 보내는 데는 수개월이 걸린다. 이런 소행성 탐사를 통해 나
사에서는 화성 탐사에 필요한 먼 우주 경험을 쌓을 수 있다.

소행성 미션을 통해 여러 가지를 시험할 수 있다. 생명 유지 장치
가 믿을 만한지, 미션 관제 센터의 도움을 받지 못하는 원거리 작
전 수행이 가능한지, 그리고 태양광 발전이나 핵열 추진 장치nuclear

thermal propulsion system가 쓸 만한지 말이다. 나사에서는 2025년에 소
행성을 향한 인간의 첫걸음을 내디딜 계획이다. 소행성에서 로봇
우주선으로 가져와 달 둘레 궤도에 올려놓은 수톤 무게의 바위에
오리온 우주 비행사들을 보낼 거라는 뜻이다.

자원이 풍부한 이 오래된 천체들에 대한 작전을 수행함으로써, 물
과 귀중한 자원을 채굴하는 방법을 미리 익혀야 한다. 이는 소행
성과 비슷한 화성 위성, 포보스와 데이모스에 도달하는 데 도움이
될 것이다. 이 위성들 가운데 한 곳에 기지를 세운다면 화성 표면
에 도달하기 위한 발판을 마련한 셈이 된다.

19. 화성에 갔다 오는 데 얼마나 걸리나?

지구와 화성의 궤도 위치를 적절히 맞추어 최소한의 연료만 사용
해서 왕복하면 3년을 넘기진 않을 것이다. 이 시나리오대로라면,
화성까지 가는 데 6~9개월, 화성에서 보내는 기간 18개월, 그리고
지구로 귀환하는 데 6~9개월이 걸릴 것이다. 1년에서 2년 사이의
단기 미션이라면 화성에 머무는 기간이 30~90일로 단축되겠지
만, 로켓 연료는 훨씬 더 많이 소모된다. 아무리 단기 미션이라도
먼 우주에서 1년은 보내야 한다는 뜻이다.

화성까지 오가며 먼 우주에서 보내는 시간을 줄이는 최선의 방
법—그리고 방사선과 자유낙하 상태에 오랜 시간 노출되는 위험
을 최소화시키는 방법—은 고등 로켓 추진 장치를 사용하는 것이
다. 핵열 추진 로켓을 쓰면 왕복 시간을 반으로 줄일 수 있다. 이
유형의 로켓은 원자로에서 수소 연료를 가열시켜 배기 노즐을 통
해 초고속으로 분사한다.

20. 그렇게 오래 항해하는 우주 비행사들의 먹거리는 어떻게 마련하
나?

도중에 재보급이 없을 경우, 일반적으로 승무원 한 사람이 1년간
먼 우주여행을 하는 데 대략 1만 2,000킬로그램의 먹거리를 준비
해야 한다. 유인 우주선이 화성에 도달하기 전에 무인 운송선으로
먹거리를 먼저 화성에 보낼 경우에는, 미션 기간 내내 영양소와
맛을 유지하기 위해 음식의 보존 기한이 최소 5년은 되어야 한다.
일부 우주식은 오래 보관할 수 있지만, 음식의 식감과 색깔, 영양
소가 시간이 흐르면 변질하기 때문에 승무원들은 그런 음식을 구
명 식량으로만 먹는다.

우주 비행사들이 우주에서 직접 작물을 키우면, 저장된 포장 식품
을 보완할 수 있을 것이다. 화성으로 순항하는 동안 재배할 수도
있고, 화성 표면의 온실에서 키울 수도 있을 것이다. 우주 정원에
적합한 식물로는 토마토, 양상추, 시금치, 당근, 딸기, 피망 등이
있다. 이들 채소는 날것으로 먹어도 되지만, 감자와 밀, 콩, 땅콩,
쌀 등은 익혀 먹어야 한다.

승무원들이 먹고 남은 음식 쓰레기는 우주 정원의 퇴비로 쓰이게
될 것이다. 승무원들이 재배하는 식물은 이산화탄소를 흡수하고
산소를 내보내 승무원들이 숨을 쉬는 데도 도움을 줄 것이다. 우
주 작물을 키우면 좋은 점 또 한 가지는 온실에서 일하며 기분 전
환을 할 수 있다는 것이다.

21. 누가 화성에 첫발을 내딛게 될까?

2030년대 즈음이면 화성의 위성에 도달하는 기술을 확보하게 될

것이다. 그리고 2040년이나 그 직후에 우주 비행사를 화성 표면
에 보낼 수 있게 될 것이다. 화성에 첫발을 내디딜 우주 탐험가는
아마도 장래에 우주 비행사가 되고야 말겠다고 마음먹은 지금의
어린 학생들일 거라고 나는 믿는다. 나도 우주 탐험에 열광하기
시작한 것이 열 살 때였으니까.

물론 이들 최초의 탐험가들을 실제로 붉은 행성에 보내려면 우
리 지구촌 가족이 나서야 한다. 우주 탐험이 얼마나 중요하고, 건
전한 자금 제공이 얼마나 가치가 있는가를 국민의 대표와 지도자
들에게 우리가 납득시켜야 하는 것이다. 민간 기업 역시 우주에서
채굴한 자원을 이용해 화성 탐사에 필요한 로켓 추진 연료와 물,
방사선 차폐막을 만드는 등 중요한 역할을 담당해야 한다.

어느 한 정부나 민간 기업이 독자적으로 화성 탐사를 수행하기는
어렵다. ISS에서 오랜 경험을 쌓은 미국을 필두로 한 여러 국가들
이 힘을 모아 우주 탐험가들을 화성에 보내는 것이 가장 가능성이
높을 것이다.

22. 인간이 언제쯤 화성에 가게 될 것으로 보나?

2040년 이후 머잖아 화성 표면에 발을 내디딜 수 있을 것이다. 그
러나 이 시간대에 맞추려면 우주 기술이 더욱 많은 진보를 이뤄
야 한다. 첫 단계로, 먼 우주 탐사용의 오리온호와 강력한 로켓인
우주발사장치를 시험해야 한다. 둘째로, 방사선 차폐막과 생명 유
지 장치를 갖춘 먼 우주 주거 모듈을 만들어 시험을 거쳐야 한다.
2020년대 말경 근지구 소행성으로 우주 비행사들을 보내면서 이
주거 모듈을 시험할 수 있을 것이다.

셋째, 소행성의 물과 흙을 이용해 우주에서 로켓 추진기 연료를 만들고, 화성 왕복 여행을 하는 동안 승무원들을 보호할 방사선 차폐막을 만드는 방법을 개발해야 한다. 그 후 화성의 위성에 도착해 물을 구할 수 있다면, 마침내 인류 최초로 붉은 행성에 착륙할 준비를 하게 될 것이다. 일단 화성에 착륙하면, 화성 표면 아래의 얼음과 대기의 이산화탄소를 이용해 물과 추진 연료를 만들어야 한다. 화성을 탐사하고 그곳에 거주지를 건설하고자 한다면 물과 연료가 절대적으로 필요하다.

23. 마스 원Mars One이라는 단체는 실제로 화성에 인간을 정착시킬 계획인가?

마스 원은 붉은 행성으로 편도 우주여행을 떠나 화성에 영구 정착촌을 만들기 위한 기금을 걷고 자원봉사자를 모집하고 있는 사람들로 이루어진 민간단체다. 이 단체는 화성 임무를 위한 훈련과 준비 과정을 그대로 보여 주는 리얼 TV 쇼를 만들어 이를 예능 프로그램으로 판매해서 기금을 만들자는 제안도 했다. 나는 이 단체가 실제로 화성에 갈 수 있다고 보지 않는다. 역대 가장 인기 있는 TV 쇼라도 화성 탐사 비용을 댈 만큼 돈을 벌기는 어렵다. 또한 우리는 화성 편도여행조차 안전하게 해낼 기술을 개발하지 못한 상태다.

무엇보다 문제가 되는 것은, 우주 비행사를 화성에 착륙시킬 노하우도 없고, 화성 표면에서 생존하는 데 필요한 시설과 장비, 예컨대 대형 주거 시설과 탐사 차량, 보급선, 굴착기, 원자력발전소도 마련하지 못했다는 점이다. 어쨌든 마스 원의 제안은 인간을 붉은

행성에 보내는 일에 대중이 큰 관심을 갖고 있다는 것을 보여 주
었다.

24. 인간이 화성 이외의 다른 세계도 찾아가게 될까?

달과 화성 너머 태양계에서 우주 비행사들이 탐사할 만한 매력적
인 장소가 몇 군데 있다. 텍사스주 크기만 한 세레스^{Ceres}라는 왜소
행성은 화성과 목성 사이의 소행성대에서 태양 둘레를 공전하고
있다. 물이 풍부한 세레스는 인간이 찾아가 볼 만한 가치가 있는
곳이다.

화성보다 태양에 더 가까운 금성은 지구와 중력이 비슷하다. 그러
나 표면 온도가 섭씨 467도로 매우 뜨겁고, 대기압도 지구의 92배
나 된다. 이런 곳에서 우주 비행사가 목숨을 부지하려면 짙은 이
산화탄소 대기 높이 풍선이라도 타고 떠 있어야 하는데, 그러면
아래 표면이 잘 보이지 않는다. 여기는 인간보다 로봇을 보내는
게 더 낫다.

화성보다 먼 곳에 있는 목성과 토성처럼 기체로 된 거대 행성은
인간이 그곳의 엄청난 중력과 강력한 방사선대에서 살아남았다
하더라도, 단단한 땅거죽이 없으므로 착륙할 수가 없다. 목성의
위성인 유로파, 토성의 위성인 타이탄과 엔셀라두스에는 언 땅거
죽 아래 액체 대양이 숨어 있지만, 태양과의 거리가 너무 멀어 기
온이 매우 낮다. 그러니 여기도 로봇을 보내는 게 낫다. 그러나 좋
은 소식도 있다. 화성은 지구의 대륙을 모두 합한 것과 동일한 표
면적을 갖고 있어 탐사할 곳이 차고 넘친다!

25. 다른 행성에서 인간이 안전하게 살 수 있을까?

달과 화성에는 우주 주민에게 꼭 필요한 물과 산소가 있다. 토양과 암석에서(화성의 경우 대기에서) 자원을 채취할 수도 있다. 태양과 원자로는 이 자원을 채취하는 데 필요한 동력을 제공한다. 달과 화성의 주민은 그곳 토양과 물을 이용해, 지구에서 가져간 씨앗으로 온실에서 먹거리를 키워야 할 것이다.

하지만 달과 화성의 기지는 지하에 건설되어야 한다. 주민들을 강력한 방사선과 극한의 기온으로부터 보호하기 위해서다. 달과 화성에서는 강력한 방사선 때문에 밖에서 인간이 오랜 시간을 보낼 수 없다.

아직 풀리지 않은 문제가 하나 있다. 지구 중력의 6분의 1밖에 안 되는 달과, 3분의 1밖에 안 되는 화성에서 인간이 수개월 혹은 수년을 건강하게 살 수 있을까? 이 문제는 ISS에서 원심기로 동물실험을 해 봄으로 답할 수 있을 것이다. 하지만 아직 원심기가 설치되지 않았다.

26. 인간이 다른 행성에 거주하게 될 것으로 보나?

화성 등의 다른 행성에서 자급자족이 가능한 거주지를 세우는 기술은 아직 확보하지 못했다. 일단 사람이 지구 아닌 다른 세상에서 생존은 물론이고 생활을 할 수 있는(그리고 우리 아이들을 위해 더 좋은 미래를 일궈 나갈 수 있는) 방법을 찾은 다음에야 거주지를 만들 수 있을 것이다. 우선 달과 소행성에서 물과 건축 재료, 금속을 캐내는 방법부터 터득해야 한다.

상업 우주 광산과 태양열 사업이 성장하면 화성에 도달해 거주하

는 데 필요한 노하우와 자금을 마련할 수 있을 것이다. 달과 근처
의 소행성에 도달하는 과정에서 우주 탐험가들은 많은 도전에 맞
닥뜨릴 것이다. 그러나 하나씩 문제를 해결해 나가다 보면, 인류
를 위한 또 다른 고향을 건설하는 데 필요한 우주 기술을 발전시
켜 나가게 될 것이다.

27. 명왕성을 행성으로 분류해야 하나?

2006년 국제천문연맹(IAU)에서 '행성 planet'이라는 용어에 대한 공
식 정의를 다시 내리면서 명왕성은 행성의 지위를 잃었다. 새 정
의에서는 명왕성을 행성에서 제외시키고 왜소행성으로 분류했다.
명왕성이 카이퍼대 Kuiper Belt에 존재하는 수천의 얼음덩이 천체 가
운데 하나에 불과하기 때문이다.

카이퍼대는 해왕성 궤도에서부터 우리 태양계의 바깥 가장자리까
지 아우르는 넓은 지역을 일컫는 말이다. 명왕성은 이 카이퍼대에
있는 비슷한 천체들 가운데 두 번째로 큰데, 1930년 발견 당시에
는 제일 컸다.

2015년에 명왕성 옆을 지나간 뉴 호라이즌스 탐사선이 보내온 사
진으로 우리는 명왕성이라는 작은 세계가 얼마나 복잡하고 흥미
로운지 알게 되었다. 명왕성은 지름이 2,300킬로미터로 행성과 유
사한 공 모양의 크고 단단한 천체다. 다섯 개의 위성이 있는데, 그
중 카론이 가장 크다. 나는 명왕성의 이런 특징들과 역사적, 감성
적 이유 때문에 명왕성이 다시 행성의 지위를 회복해야 한다고 생
각한다.

2015년 7월 뉴 호라이즌스 탐사선에서 보내온 명왕성 사진. (나사 제공)

28. 명왕성을 처음으로 가까이에서 본 것이 언제인가?

나사의 뉴 호라이즌스 탐사선이 2015년 7월 명왕성과 그 위성들 옆을 지나가면서 얼음 덩어리의 이 다채로운 세계를 찍은 수천 장의 사진을 보내왔다. 이 사진들로 본 명왕성은 흑옥색에서 주황색, 흰색에 이르기까지 다양한 색깔을 띤 얼룩덜룩한 모습이었다. 옅은 색을 띤 곳은 아마도 혜성과 충돌해서 새로 얼음이 드러난 곳으로 추정된다. 짙은 색을 띤 곳은 오래전의 혜성 충돌로 인해 유기물이 풍부한 곳으로 보인다.

명왕성의 극관polar caps은 물이 언 것이 아니라 질소가 언 것으로 추정된다. 명왕성의 표면 대부분은 고체 질소로 덮여 있다. 성에 상태의 메테인(메탄)과 이산화탄소도 발견되었다. 뉴 호라이즌스 탐사선은 명왕성의 단층과 균열, 산 들을 발견했다. 명왕성의 크레이터 수는 예상보다 적었다. 표면의 아주 부드러운 지대는 지난 10억 년 동안 활발한 지질 활동이 있었음을 보여 준다. 이 왜소행성의 핵 주변에는 액체 대양이 있을지도 모른다.

29. 우리 태양계에 아직 우주선이 방문하지 않은 행성이 있나?

없다. 1957년 우주 시대가 열린 이래, 미국과 러시아, 일본, 유럽 우주국의 동맹 국가, 인도 등이 여러 행성으로 탐사선을 보냈다. 1962년부터 1989년까지 모든 주요 행성들에 로봇 탐사선을 보냈고, 왜소행성인 명왕성은 2015년 뉴 호라이즌스 탐사선이 방문했다. 가장 큰 소행성인 세레스 역시 같은 해 돈Dawn 우주선이 궤도를 돌며 관측을 했다.

나사에서는 달과 화성, 토성에 우주선을 보냈고, 현재 우주선이 목성으로 향하고 있는 중이다. 나사에서는 2020년대에 목성의 위성인 유로파에 궤도 우주선을 보낼 계획이다. 우리는 태양계 모든 행성과의 첫 만남에 성공했고, 이제부터 행성 탐사 임무는 행성계를 더 깊이 이해하는 데 중점을 두게 될 것이다.

30. 직접 가 보고 싶은 행성이 있나?

하나만 말해야 하나? 내 고향은 지구이며, 가장 탐사하고 싶은 행성 역시 지구다. 태양빛을 받은 황막한 달 풍경도 매혹적이다. 행성을 연구하는 과학자로서, 달의 크레이터와 얼어붙은 용암으로 된 범람원, 다량의 용융 암석으로 파인 거대한 계곡, 대규모 충돌로 솟아오른 산 정상 등을 탐사하고 싶다.

돈 우주선이 찍어 보낸, 텍사스주 크기의 왜소행성 세레스. (나사 제공)

화성은 더욱 흥미로운 행성이다. 한때 바다가 있었고, 지금은 거
대한 휴화산들로 표면이 마마처럼 얽은 평원이 있다. 먼지가 많은
불그스름한 화성 표면 아래에는 거대한 얼음층이 있다. 이산화탄
소 대기는 표면 아래의 얼음과 함께 우주 탐험가들의 인공 거주지
를 만들고 유지하는 연료로 쓸 수 있다. 물론 로켓과 탐사 차량의
연료로도 쓸 수 있다. 인류는 화성의 신비에 이끌려 앞으로 수백
년 동안 계속 화성을 탐사하게 될 것이다.

31. 로봇 탐사 미션 가운데 가장 흥미로웠던 것은 무엇인가?

지난 50년 동안 우리는 태양계의 모든 행성에 로봇을 보냈다. 지금도 더욱 정밀한 로봇을 만들고 있는 중이다. 화성의 미생물을 찾고, 달 극지방의 아주 차가운 크레이터에 있는 얼음을 찾아내는, 힘들지만 흥미진진한 작업을 하기 위해 이 로봇들을 보내게 될 것이다. 움푹 들어간 용암 동굴을 탐사하고, 목성의 차가운 위성인 유로파의 지각 균열에서 졸졸 흐르는 물을 얻기 위해서도 로봇을 보낼 것이다.

나는 채광 로봇이 근지구 소행성의 흙과 바위에서 물을 캐는 장면도 보고 싶다. 우주에서는 물이 금보다 더 귀한 자원이다. 물은 로켓 추진 연료로도 만들고, 먼 우주 미션을 떠난 우주 비행사들이 갈증을 푸는 데도 필요하다. 우주에서 사업체와 공장을 운영하는 데도 물이 필요하다.

32. 인간이 아닌 로봇만으로 우주 탐사를 하면 안 되나?

로봇의 성능은 계속 향상되고 있다. 사실 우주 비행사보다 로봇을 보내는 게 비용도 적게 든다. 우리 태양계의 많은 행성이 지구에서 너무 멀리 떨어져 있고, 환경이 너무나 열악해서 인간 탐험가를 보내는 것은 그리 현실적이지 않다. 나만 해도, 그저 명왕성에 가기 위해 10년이란 세월을 보내고 싶지는 않다. 그러나 오늘날 로봇은 아직 애완견이나 고양이 정도의 지능과 동작 능력도 갖추지 못한 상태다. 로봇 기술이 현장의 지질학자나 생화학자가 가진 과학기술에 미치지 못함은 물론이다.

"화성에 생명체가 있는가?"라는 질문에 제대로 답하려면 인간을 화성에 보내야 할 것이다. 나는 몇십 년 안에 영리한 로봇이 인간의 화성 탐사 파트너가 될 거라고 본다. 로봇은 우주선 밖에서 장

플로리다 인간 기계 인지 연구소에서 만든 휴머노이드인 아틀라스 로봇이 방위 고등 연구 계획국 2015 로보틱 챌린지에서 발걸음을 옮기고 있다. (IHMC/윌리암 하월 제공)

기간 수행하는 어려운 작업을 떠맡을 것이다. 그리고 우주 비행사 는 작업의 진척과 다른 주요 임무를 감독하는 데 자신의 기술과 지능을 적용할 것이다.

33. 나사에서는 다른 행성들도 발견했나?

나사의 케플러 우주 망원경은 태양계 밖의 행성 탐사에 크게 기여했다. 이 행성들을 외계 행성이라 부른다. 궤도에 위치한 케플러 망원경으로는 약 15만 개의 별을 포함한 특정 하늘을 수년간 관측했다. 찬란히 빛나는 별을 가리며 행성이 지나갈 때, 행성은 별빛을 살짝 어둡게 함으로써 스스로를 드러낸다. 바로 그런 순간을 망원경으로 포착함으로써 행성을 발견할 수 있었다. 케플러 과학자들의 추측에 따르면, 태양과 비슷한 별 가운데 22퍼센트가 '생명체 서식 가능 지역'에서 공전하는 지구 크기의 행성을 거느리고 있다. 이 행성들은 지표면에 물이 존재하기에 적절한 온도를 유지하고 있는 것으로 보인다.

케플러 망원경으로는 1,000개가 넘는 새 행성을 발견하는 공을 세웠다. 지상 망원경과 더불어, 케플러 망원경 같은 우주 망원경으로 발견한 외계 행성의 총수는 현재 1,890개가 넘는다. 나사의 외계 행성 관련 웹사이트 플래닛퀘스트(planetquest.jpl.nasa.gov)에서는 지금까지 알려진 외계 행성의 수를 계속 갱신하고 있다.

34. 지구와 비슷한 행성도 발견했나?

태양계 밖의 외계 행성을 탐색하는 현재의 기술로는 아직 다른 별 둘레를 돌고 있는 지구 크기의 행성을 발견하지 못했다. 하지만 머지않아 발견할 것으로 보인다. 케플러 우주 망원경으로 1,000개가 넘는 외계 행성을 발견했는데, 그중 8개는 지구 크기의 2.7배 이하다.

이 행성들 가운데 적어도 3개의 행성이 우리 태양보다 작고 온도가 낮은 항성 둘레를 돌고 있다. 물이 존재할 정도의 온도가 유지되는 거리, 곧 생명체 서식 가능 지역에서 공전하고 있는 것이다. 케플러 438-b와 케플러 442-b로 명명한 두 외계 행성은 먼저 발견한 수많은 목성 크기의 뜨거운 외계 행성들보다 훨씬 더 지구와 비슷하다.

별이 1,000억 개가 넘는 우리 은하계에는 지구와 유사한 행성이 약 200억 개가 있다. 우리 태양에서 12광년 거리 이내에 지구와 유사한 온대성의 행성이 존재할 가능성이 있다는 뜻이다. 그러나 지구와 완전히 똑같이 생긴 쌍둥이 행성을 발견하기까지는 차세대 우주 망원경을 기다려야 할 것이다. 외계 행성 대기에 있는 산소와 수증기, 메테인(메탄)을 탐지할 수 있으려면 말이다.

35. 우리는 별에 여행을 다녀올 수 있나?

물리법칙에 대한 현재 지식과 미래 기술 전망으로 볼 때, 지금의 어떤 인간도 수명이 다하기 전에 다른 별에 도달할 수는 없다. 인류가 띄운 우주선 가운데 가장 멀리 비행한 보이저 1호는 2012년에 태양계를 떠났다. 이 보이저 1호가 이웃 별에 도달하려면 4만년은 더 비행해야 할 것이다.

과학자들은 빔 레이저와 극초단파 에너지를 이용해 매우 고속으로 추진하는 극소형 로봇을 가까운 별에 보내자는 제안을 했다. 이 로봇이 외계 행성을 만나면 무선으로 그 사실을 알릴 것이다. 좀 더 밝은 전망을 내놓은 미래학자도 있다. 100년 성간우주선 재단100 Year Starship Foundation은 앞으로 100년 내에 별에서 별까지의 비행을 실현시키는 데 필요한 지식과 기술의 도약을 꿈꾸고 있다.

케플러-186f를 지구와 비교한 상상도. 먼 별 둘레를 공전하는, 지구만 한 이 행성은 생명체 서식 가능 지역에 있는 행성으로 최초로 공인되었다. (나사 에임스 연구센터/세티 연구소/칼텍 제트 추진 연구소 제공)

36. 우주 어딘가에 생명체가 존재한다고 보나?

나는 머지않아 우리 태양계에서도 생명체를 발견할 수 있다고 믿는다! 화성은 과거 한때 지구와 유사한 온난한 기후였다. 보호막처럼 대기층이 감싸고 있었고, 지표에는 물도 있었던 것으로 추정된다. 초기에 살았던 미생물은 오늘날의 열악한 조건에서도 살아 있을 수 있다. 뜨거운 온천이나 지표 아래 따뜻한 지하수 지층과 바위에 서식함으로써 말이다. 그런 곳에는 생명 유지 조건인 에너지와 물, 유기물이 존재한다.

목성의 위성인 유로파와, 토성의 위성인 엔셀라두스는 얼음으로 된 지각 아래 액체 물바다가 있다. 어두운 이 바다에는 어미 행성의 기조력으로 몸을 덥힌 생명체가 살고 있을 가능성이 있다(밀물과 썰물을 일으키는 기조력이 강하면 위성이 이지러지면서 열이 발생하고 화산 활동까지 일어난다―옮긴이). 소행성과 혜성의 충돌로 인해 침전된 유기 화합물 속에서 말이다. 태양계에서 생명체를 찾지 못한다 해도, 우리은하에는 지구와 비슷한 80억 개의 행성이 어미별의 생명체 서식 가능 지역, 곧 행성 표면에 물이 존재할 가능성이 있는 지역에서 공전을 하고 있다. 나는 가능성을 믿고 싶다.

나사의 큐리오시티 탐사 로봇이 한때 생명체가 살았다는 환경 조건에 관한 증거를 수집하기 위해 화성의 게일 크레이터를 탐사하고 있다. (나사 제공)

37. 지능이 있는 생명체가 다른 행성에 존재할까?

아무도 모른다, 적어도 아직까지는. 지구와 비슷한 행성이 아주 흔하게 발견되고, 지구에서처럼 그 행성에서도 생명력이 끈질기다면 우리은하를 비롯한 우주 전체에 다른 문명이 존재할 가능성이 있다. 그러나 인류는 지난 반세기 동안 외계 생명체와의 교신을 끊임없이 시도해 왔지만 아직 다른 문명으로부터 어떤 신호도 받지 못했다.

캘리포니아주 샌프란시스코에서 북동쪽으로 470킬로미터에 위치한 세티SETI 연구소의 앨런 망원경이 외계 문명이 보낸 신호를 기다리고 있다. (세티 연구소 제공)

만약 20억 년 전에 지적 생명체 사회가 다른 행성에 건설되었다면 그들이 보낸 신호와 우주선, 거주지가 오늘날 잘 포착되어야 한다. 138억 살이나 먹은 우리 우주에 그런 것이 없다는 것은 하나의 수수께끼다. 아마도 그건 기술적으로 진보한 문명을 건설하는 일이 무척 어렵기 때문이 아니라면, 외계 문명이 침묵을 지키는 쪽을 더 선호하기 때문일 것이다. 또 어쩌면 우리가 우주 탐사에 나선 최초의 존재일 수도 있다. 내가 죽기 전까지는 외계 문명이 보내오는 무선 신호나 레이저 신호를 탐지할 거라고 나는 낙관한다.

38. 만약 돌아올 수 없다고 해도 다른 세계로 우주여행을 떠나겠나?

콜럼버스와 스페인 왕 페르디난드와 이사벨라 여왕, 그리고 엘리

자베스 1세 시대에 식민지 개척자들은 익숙한 삶을 뒤로하고 신세계의 새로운 기회와 자유를 찾아 떠났다. 달과 화성의 거주지가 우리 가족에게 지구보다 더 좋은 기회를 제공한다면 용감하게 신세계로 뛰어들 용의가 있다. 멀리 볼 때, 우리 중 누군가는 지구 아닌 다른 세계로 이주해 거주지를 건설해야 한다. 지구 문명을 쓸어버릴 혜성 충돌이나 가공할 바이러스 출현에 인류가 무참히 쓰러지지 않기 위해서라도 말이다. 살아남기 위해 우리 인류는 여러 행성에 진출해야 한다.

지구에서 용골자리 방향으로 2만 광년 거리에 있는 검(Gum) 29 성운을 허블 우주 망원경으로
포착한 모습. 검 29 성운은 밝은 빛을 내는 별의 요람이다.

((STScI·AURA)/A. Nota(ESA·STScI)/웨스터룬트 2 과학 팀 제공)

1. 지구는 앞으로 언제까지 존재할까?

행성으로서 우리 지구는 앞으로 70억 년 정도는 존속할 것이다. 우리의 별인 태양이 앞으로 40억 년간 서서히 밝기 등급이 올라가면서 지구를 데울 것임을 우리는 알고 있다.

앞으로 6억 년 후에는 지구가 더워지면서 지각地殼이 대기 중의 이산화탄소를 흡수해 식물이 죽기 시작할 것이다. 그리고 약 10억 년 후, 지구의 바다가 아주 빠른 속도로 증발하면서, 덥고 습한 물과 이산화탄소 장막으로 우리 행성을 뒤덮을 것이다. 습한 온실 세계가 되면 기온이 훨씬 더 올라갈 것이다. 40억 년 후에는 바다가 사라지고 대부분의 생명체가 멸종할 것이다. 이윽고 70억 년 후가 되면 늙은 태양은 이제 팽창하는 적색거성이 되어 외부 가스층으로 지구를 감싸서 완전히 태워 버릴 것이다.

우주 탐험이 인류의 미래 생존에 매우 중요한 것도 이 때문이다. 오늘날 우리는 소행성 충돌로부터 우리를 지키는 방법을 배워 가고 있다. 먼 훗날에는 새집을 찾아야 할 것이다.

2. 공룡처럼 인간이 멸종하는 것을 막는 데 우주 탐험이 어떤 기여를 할 수 있을까?

우주 탐험 기술을 발전시키면 인간을 태양계의 곳곳에 분산시킬 수 있다. 그러면 지구에서 재앙이 일어나더라도 인류가 멸종하는 일은 없을 것이다. 인간이 달과 화성, 또는 좀 더 큰 소행성들에 기지나 거주지를 지을 수 있다면 혜성 충돌이나 가공할 바이러스성 전염병으로부터 살아남을 수 있을 것이다. 여러 행성에 두루 사는 종이 당연히 생존 가능성이 더 높다. 앞으로 수백 년 동안 수행해

앞으로 50억 년 후, 적색거성으로 변한 우리 태양이 지구 표면을 가열하는 모습. (론 밀러 제공)

야 할 궁극적인 생존 전략은, 다른 별들 주위에서 새로 발견한, 지구와 비슷한 행성들로 인류가 진출하는 것이다.

3. 태양이 나이 들어 팽창하면 인간이 살아남을 수 있을까?

태양은 열핵반응으로 수소 원자를 태워 헬륨으로 만듦으로써 자가발전을 한다. 이때 우리 태양계에 필요한 빛과 열이 발생한다. 태양은 지금까지 46억 년 동안 스스로를 소모시키며 초당 6억 톤의 수소를 태우고 있다. 이 속도대로라면 앞으로 적어도 50억 년 동안은 더 태울 수소가 남아 있다.

수소가 거의 바닥이 나면 태양은 헬륨까지 태우기 시작한다. 그리고 태양은 식어서 적색거성으로 부푼다. 결국 태양 외부의 가스층은 수성과 금성, 아마 지구까지도 삼켜 버릴 것이다. 50억 년 후, 인류는 지구 아닌 다른 행성에 살 채비를 이미 마쳤어야 할 것이다. 아마도 태양계 밖으로 이주해야 할 것이다.

4. 블랙홀은 무엇이고, 어떻게 만들어지나?

블랙홀은 크기가 작지만 믿을 수 없을 만큼 압축된 천체다. 태양보다 적어도 10~24배 더 큰 별의 잔해인데, 중력이 너무 강해서 빛조차 그 힘을 떨쳐 버리지 못한다. 블랙홀은 내부에 더 태울 연료가 없어서 별이 죽어 가면서 만들어진 것이다.

죽어 가는 별은 매우 빠른 속도로 붕괴한다. 이때 별을 이루고 있던 물질이 바깥으로 거대한 폭발을 하게 되는데, 이를 초신성

시그너스 X-1이라는 블랙홀이, 옆에 있는 더 큰 별에서 뜨거운 물질을 잡아당기고 있는 모습을 그린 상상도. (나사/CXC/M. 와이스 제공)

supernova이라고 한다. 또 바깥으로 향하는 이 폭발력에 대한 반동으로, 남아 있던 별의 핵이 특이점singularity이라고 하는 무한히 작은 점으로 압축된다. 이렇게 압축되어 생긴 블랙홀은 질량이 태양의 최소 2.5배로, 수십억 톤의 물질이 압축되어 무한대의 밀도와 중력을 갖게 된다. 이 블랙홀에서는 빛조차도 빠져나올 수 없다.

5. 블랙홀이 캄캄하다면 블랙홀이 거기 존재한다는 사실을 어떻게 알 수 있나?

정의한 대로 블랙홀은 눈에 보이지 않지만, 강한 중력으로 주변의 모든 것을 끌어당긴다. 블랙홀은 천체물리학 이론으로 그 존재가 먼저 예견되었다. 그리고 마침내 존재가 확인된 것은 1970년대였다. 블랙홀의 허기진 밥통으로 빨려 들어간 초고온 가스 소용돌이에서 나온 전파와 엑스선을 감지함으로써 존재가 확인된 것이다.

또 우주 비행사들은 한 쌍의 별이 서로의 궤도를 공전하고 있다는 사실을 관측했는데, 그중 눈에 보이지 않는 한 별의 질량이 우리 태양의 3배였다. 그만한 질량을 갖고도 눈에 보이지 않는 것은 블랙홀밖에 없다.

마지막으로, 우리은하와 다른 은하들의 중심부에서 흘러나오는 강한 에너지는 많은 은하와 퀘이사의 중심에 초질량 블랙홀이 존재하고 있음을 암시한다. 일반적으로 블랙홀의 질량은 태양의 10억 배에 이른다.

6. 블랙홀의 크기는 얼마나 되나?

블랙홀 자체는 수학적인 점에 지나지 않고, 그 크기는 무한히 작

다. 하지만 중력이 주변 몇 킬로미터에까지 영향을 미쳐서 빛
도 빠져나올 수 없다. 그런 지역의 경계를 슈바르츠실트 반지름
Schwarzschild radius 또는 사건 지평event horizon이라고 한다. 블랙홀이 주
변 물질을 끌어당겨 질량이 늘어나는 과정에서, 블랙홀이 영향을
미치는 범위도 점점 커진다. 우리은하 중심부에 있는 블랙홀은 질
량이 태양 질량의 약 430만 배에 이르며, 사건 지평의 크기가 우
리 태양계만 하다. 거기서는 빛이 결코 빠져나오지 못한다.

7. 블랙홀에 빨려드는 것을 멈출 수 없나?

블랙홀에서 빠져나올 방법은 없다. 블랙홀에 가까이 다가가면 재
앙이 닥칠 뿐이다. 그렇지만 기운내자. 우리 이웃에는 블랙홀이
없으니까. 블랙홀은 이리저리 돌아다니며 별들을 잡아먹진 않는
다. 죽은 별들의 잔해인 블랙홀이 지구에 영향을 주려면 우리 태
양에 아주 가까이 접근해야 한다. 먼 곳에 있는 블랙홀이 우리 쪽
을 향해 다가온다 하더라도 지구에 피해를 줄 만큼 가까이 오려면
수백만 년이 걸린다. 경보를 울릴 충분한 시간이 있으므로, 그 사
이에 인류는 우주선을 만들어 더 안전한 태양계로 이주할 수 있을
것이다. SF 영화 〈인터스텔라〉는 멋진 특수 효과로 블랙홀 근처를
여행하는 장면을 보여 주었다.

8. 우리은하에는 얼마나 많은 별이 있나?

우리는 평균 크기의 막대 나선은하에 살고 있다. 끝에서 끝까지
횡단하는 데 12만 광년이 걸린다(1광년은 빛이 1년 동안 가는 거리로
줄잡아 10조 킬로미터에 해당한다). 우리 태양은 우리은하의 오리온

돌출부Orion Spur라고 불리는 것의 일부를 이루고 있는데, 은하 중심에서 바깥으로 약 3분의 1 지점에 자리 잡고 있다. 은하수에는 약 4,000억 개의 별이 있는 것으로 추산되는데, 그중 대부분이 작고 희미한 적색왜성이다. 지구에서 멀리 떨어진 별일수록 탐지하기 어렵기 때문에 4,000억이라는 숫자는 왜성의 숫자를 얼마로 보느냐에 따라 크게 달라질 수 있다. 제임스 웹 우주 망원경은 적외선 빛을 발하는, 작지만 아직 따뜻한 적색왜성을 관찰할 수 있기 때문에 장차 좀 더 사실에 가까운 숫자를 알게 될 것이다.

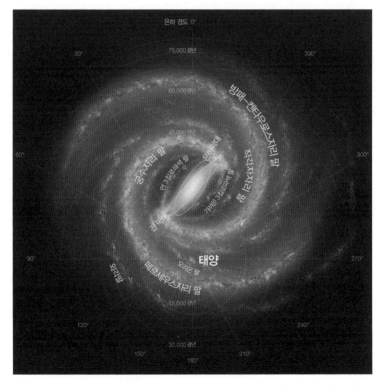

위에서 바라본 우리은하(은하수) 모습. 우리 태양은 은하 중심에서 약 3분의 1 지점에 위치해 있다. (나사/애들러 천문관/시카고대학/웨슬리언대학/칼텍 제트 추진 연구소 제공)

9. 천문학자들은 우리은하 외의 다른 은하를 발견했나?

하나의 은하는 수천억 개의 별로 이루어져 있다. 우리은하도 그중 하나다. 그런데 천문학자들이 허블 우주 망원경과 지상 장비로 관측하는 것은 하늘의 극히 일부에 불과하다. 허블 망원경으로 우주를 관측하는 것은 대롱으로 우주를 바라보는 것과 같다. 허블 망원경으로 관측되는 좁은 구역에 존재하는 은하의 숫자에, 전체 하늘의 구역 수를 곱하면 적어도 1,000억 개의 은하가 존재한다는 계산이 나온다. 2013년의 또 다른 연구 결과에 따르면, 우주에 최소 2,250억 개의 은하가 존재한다고 한다.

영국 물리학회는 우리 우주의 크기와 은하계의 수를 추산하는 그

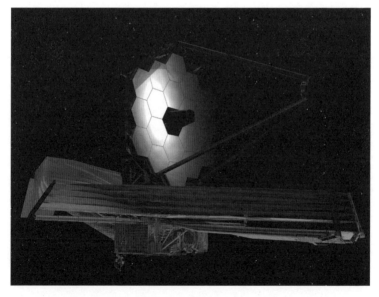

허블 망원경을 잇는 차세대 제임스 웹 우주 망원경의 그림. 직경 6.5미터 크기의 거울로 적외선을 모은다. (나사 제공)

럴 듯한 방법을 내놓았다. 모래 한 알을 쥐고 손을 하늘로 뻗어 올렸을 때 모래 한 알에 가려지는 하늘 구역에 1만 개의 은하가 들어 있다. 각각의 은하에는 평균 1,000억 개의 별이 있다. 이런 엄청난 수의 별과 행성이 존재하므로 그중 어딘가에 외계 생명체가 존재할 가능성은 충분히 높다.

10. 빅뱅이란?

빅뱅은 우리 우주의 기원이 된 약 138억 년 전의 거대한 폭발을 가리키는 말이다. 오늘날 우리는 우리은하와 우주의 모든 은하가 서로 멀어지고 있음을 알고 있다. 그 궤적을 거슬러 올라가면 약 140억 년 전에 우주의 모든 물질이 무한대의 밀도를 가진 한 점에 응축되어 있었다는 결론에 이르게 된다. 엄청난 온도와 밀도를 가진 이 뜨거운 에너지 점을 특이점이라고 부른다. 빅뱅과 동시에 이 작은 점이 밖으로 급격히 팽창하기 시작했고, 팽창은 오늘날까지 계속되고 있다.

거대한 에너지가 방출된 빅뱅 후 1초가 지났을 때, 우주는 중성자와 양성자, 전자, 양전자(반전자), 광자(빛), 그리고 중성미자로 된 100억 도의 뜨거운 바다였을 것으로 추정된다. 이후 우주가 식어가면서 양성자와 전자가 결합해 수소 원자가 만들어졌고, 이로써 별의 생성이 시작되었다. 빅뱅 이후 약 10억 년이 지나, 별들이 모여 은하가 이루어지고, 그 중심부에 거대 블랙홀이 만들어졌다.

빅뱅이 일어난 원인은 아무도 모른다. 빅뱅 이전에 무엇이 있었는지 아무도 알지 못한다. 우리의 물리학 지식으로는 아직 그 신비를 풀지 못하고 있다.

11. 다른 우주가 존재할까?

우리 우주를 연구하는 몇몇 물리학자는 우리 우주가 무한대의 수로 존재하는 다른 우주들, 곧 '다중우주multiverse'라고 불리는 더 큰 실체 가운데 하나일 뿐이라고 믿는다. 그중 한 이론에 따르면, 시공이 무한할 경우 우리 우주의 가장자리까지 달려가서 우리 우주와 살짝 다른 버전의 우주로 뛰어들 수 있다. 또 다른 이론에 따르면, 빅뱅 이후 우리 우주가 빠른 속도로 팽창 또는 확장했고, 이후 속도가 느려지면서 별과 은하가 형성되기 시작했다. 그러나 다른 우주들은 빅뱅으로 인해 팽창했다 해도 우리 우주와는 다른 진화과정을 겪었다고 본다. 그리고 평행우주 이론이란 게 있다. 이것은 우리가 사는 (3차원 공간에 시간 차원을 더한) 4차원 우주보다 더 많은 차원을 가진 다른 우주가 존재한다고 주장하는 이론이다.

우리가 이 우주에서 무슨 선택을 할 때마다 그와 반대의 선택이 이루어지는 딸 우주daughter universe가 만들어진다고 제안하는 과학자들도 있다. 그런데 각각의 우주 모두에 우리 각자가 존재하고, 각자 자기가 내린 선택이 '진짜'라고 생각한다. 마지막으로, 수학자들은 우리 우주의 수학이 유일하게 가능한 수학이 아닐 수도 있다고 추측한다. 다른 수학 규칙이 적용되는 또 다른 우주가 존재한다고 보는 것이다. 그 수학을 공부할 수는 있겠지만 나는 그러고 싶지 않다. 우리 우주의 수학만으로도 머리에 쥐가 나기 때문이다.

나사 우주 비행사가 국제우주정거장에서 먼 우주를 바라보며 생각에 잠겨 있다. (나사 제공)

1. 독자인 내가 우주에 갈 가능성은 얼마나 될까?

독자 여러분이 지구를 떠나 우주로 갈 가능성은 내가 어린 시절 우주여행에 관심을 가졌을 때보다 훨씬 크다. 나는 1957년부터 1972년까지 미국과 구소련이 누가 먼저 달에 사람을 보낼 것인가를 두고 벌인 우주 경쟁 시대에 성장했다. 당시 미국인이 우주로 여행할 수 있는 방법은 나사 우주 비행사가 되는 것뿐이었다. 예나 지금이나 나사 우주 비행사가 되기 위해서는 아주 치열한 경쟁을 뚫어야 한다.

오늘날에도 나사 우주 비행사 부대가 있다. 그들은 우주정거장까지 여행하며, 미래 언젠가는 먼 우주에 도전할 것이다. 그러나 개인적으로 우주에 가는 방법도 있다. 앞으로 버진 갤럭틱, 블루 오리진, 엑스코 에어로스페이스 같은 민간 회사는 고도 100킬로미터의 우주여행 상품을 판매할 것이다.

그 밖에 보잉, 시에라 네바다, 스페이스엑스 같은 회사들은 그보다 더 높은 고도의 우주, 곧 고도 389킬로미터에서 지구 궤도를 도는 우주정거장으로 승객을 수송하는 우주 택시 서비스를 준비하고 있다. 스페이스엑스사에서는 심지어 개인들이 자금을 대는 형식의 화성 탐사를 제안한다. 이들 회사가 우주여행 서비스를 실제로 제공하려면, 우주 비행기 조종사, 궤도 탐험 안내원, 호텔 관리인, 건설 노동자 등 우주에서 일할 직원들이 필요할 것이다.

2. 나사 우주 비행사가 되기 위한 자격요건은 무엇인가?

우주 비행사라는 직업에 지원하려면 다음 요건을 갖춰야 한다.

• 대학 졸업장. 공학, 생명과학, 물리학, 수학 등 분야의 학사 학

위가 있어야 한다. 학점도 중요하니 열심히 공부해야 한다.
- 3년 이상 꾸준하고 책임감 있는 우주 분야의 업무 경험. 나사에
서는 공학, 과학, 교육 분야에 어느 정도 경험이 있는 지원자를
원한다. 또는 제트 항공기 조종 경험이 최소 1,000시간 이상 되
는 지원자를 원한다. 그러나 석사나 박사 학위로 위 업무 경험
의 일부 또는 전부를 대신할 수 있다.
- 나사의 장기 우주비행 신체검사를 통과해야 한다. 구체적으로
키는 157~190센티미터여야 하고, 교정시력 2.0, 앉아 있을 때
의 혈압이 140/90 이하여야 한다.

우주 비행사가 되려면 경쟁이 치열하다. 나사에서 우주 비행사 후
보를 뽑을 때마다 수천 명의 지원자가 몰린다. 지원자 중 상당수
가 공학과 과학 분야의 석사나 박사 학위를 갖고 있거나 의학 박
사 학위를 취득한 이들이다. 아니면 시험비행 조종사 직업학교를
졸업한 사람도 있다. 합격하는 지원자들을 보면, 신속 정확한 판
단력과 팀워크를 요하는 새로운 활동들을 성공적으로 해내는 능
력을 여실히 보여 준 사람들이다.

자기 분야의 전문가가 되어 멋지게 세상에 나서라. 그리고 나사
에 지원하라! 더 자세한 정보는 나사 우주 비행사 선발 웹사이트
(astronauts.nasa.gov)를 참고하라.

3. 우주 비행사가 되려면 시력과 체력이 완벽해야 하나?

우주 비행사가 되려면 나사에서 매년 우주 비행사를 상대로 하는
비행 신체검사를 통과해야 한다. 교정시력이 양쪽 모두 2.0이 되
어야 하고, 만성질환이나 신체장애가 없고 두루 건강해야 한다.

그렇다고 완벽해야 하는 것은 아니다. 일부 우주 비행사는 알레르기 같은 증상이 있는데도 우주 비행사로 채용되었다. 암을 성공적으로 치료한 후 우주 비행사가 된 이도 있었고, 무릎 재건 수술을 받은 이도 있었다. 운동과 즐거운 야외활동 등 활발한 신체 활동을 계속한다면 건강을 유지하는 동시에 우주 비행사 훈련에 대비할 수 있다.

4. 우주 비행사가 되려면 어떤 공부를 하는 것이 도움이 되나?

천문학에서 동물학까지 그 어떤 과학이나 공학 분야를 공부해도 좋다. 다만 열정을 불태울 수 있는 분야를 선택하는 것이 중요하다. 자신의 전공을 선택하기 전에 관심 있는 분야에 관한 자료를 폭넓게 찾아보라. 그 분야에서 연구하는 사람들과 대화를 나눠 보는 것도 좋을 것이다. 그들이 자기 전공 분야의 어떤 점을 좋아하는지, 현재 어떤 프로젝트를 진행하고 있는지, 또 그들이 하는 공부가 우주 탐험과 어떤 관련이 있는지 물어보라.

나는 대학에서 항공우주공학, 수학, 물리학, 우주항행학, 우주과학 등을 공부했다. 대학원에서는 행성학, 곧 태양계의 운행 방식에 대한 이해를 돕는 모든 것을 조금씩 포함한 교육 과정, 예를 들어 지질학과 물리학, 대기과학, 원격탐사, 화학, 전자기학 등을 공부했다. 연구 조사를 위해 나는 하와이 마우나케아 화산에서 나사의 적외선 망원경으로 소행성의 물을 관찰했다. 이때의 경험은 우주왕복선 미션이었던 우주 레이더 실험을 수행하는 데 도움이 되었다. 우주 레이더 실험실 작업은 레이더 영상 장치로 지구 궤도에서 지구를 스캔하는 것이었다.

우주 비행 준비 훈련용으로 사용하는 나사의 노스롭 T-38N 훈련기. (나사 제공)

5. 우주 비행사가 되려면 군 비행기 조종사가 되어야 하나? 아니면 민간 비행기 조종사가 되어야 하나?

지금은 1960년대 우주 경쟁 시대의 우주 비행사들처럼 군대의 시험비행 조종사가 되지 않아도 된다. 우주 비행사 양성 프로그램에는 시험비행 조종사 외에 과학자나 엔지니어도 지원할 수 있다.

그러나 나사에서는, 비행 경험이 의사 결정력과 판단력을 키우는데 도움이 되고, 우주에서의 성공적인 임무 수행과 생존 능력 향상에도 크게 도움이 된다고 본다. 이 때문에 나사에서는 비행 조종 경험이 없는 우주 비행 후보생들에게 6주간의 비행 훈련을 받도록 한다. 후보생들은 나사의 노스롭 T-38N 제트기로 훈련을 받는다. 이 훈련기는 첨단 전자 장비와 항법 장치를 갖춘 초고속, 초고도 제트 훈련기로 곡예비행이 가능하고 거의 초음속으로 날 수 있다. T-38을 타고 정기적인 비행 훈련을 한다면 긴급 상황에서의 판단력과 의사 결정력 향상에 도움이 될 것이다. 민간 조종사 자격증을 따는 것도 좋다. 그 과정을 통해 하늘을 나는 것이 도전적이고 뿌듯한 성취감을 안겨 준다는 사실을 알게 될 것이다. 우주에서 작업하는 데 필요한 준비를 다른 사람보다 앞서 해 나갈 수도 있다.

6. 언젠가 우주에서 일하고 싶다면 미리 준비를 해야 할 텐데, 가장 중요한 점은 무엇인가?

우주로 나갈 꿈을 꾸고 있다면 목표를 이루기 위해 되도록 미리 준비를 하는 것이 좋다. 무엇보다 필요한 것은 이런 것이다.

1. 학교 다닐 때 열심히 공부하라. 특히, 수학과 과학은 최고 성적을 얻어야 한다.
2. 대학에서는 과학이나 공학을 전공하라. 그리고 우수한 학점을 따라.
3. 첫 직장은 과학이나 공학 등 우주와 관련된 일을 찾아 경험을 쌓으라.
4. 직장을 선택하거나 옮길 때도 우주 비행이라는 꿈에 도움이 되는 선택을 하라.
5. 굳은 의지를 갖고 목표 실현에 매진하라.

나는 우주 비행사가 되기까지 밟아야 하는 모든 과정을 처음부터 끝까지 일일이 짚어 줄 사람이 없다는 사실을 일찌감치 알아차렸다. 우주 비행사로서 필요한 교육을 받고 경험을 쌓는 일에 책임을 질 사람은 오로지 자기 자신뿐이다. 그 과정에서 부모나 선생

님, 교수, 동료 학생들, 직장 동료, 조종 교관 등 많은 사람이 도와
줄 수는 있겠지만, 목표를 정하고 그 목표를 실현하고자 노력하는
것은 오직 자기 자신의 몫이다.

자기만의 길잡이별을 선택해 그것을 시야에서 놓치지 말라. 그 별
에 이르기까지 열심히 노력하라. 명예의 전당에 이름을 올린 전설
적인 야구 포수 요기 베라는 곧잘 이런 말을 했다.

"자기가 어디로 가고 있는지 모른다면, 십중팔구 원치 않는 곳에
이르게 될 것이다."

7. 우주 비행사가 되기 위한 적당한 연령대가 있나?

자격 요건만 갖추면, 나사에서는 나이가 몇 살이든 상관하지 않는
다. 우주 비행을 한 최연소 나사 우주 비행사는 샐리 라이드라는
여성으로 당시 32세였다. 일단 우주 비행사가 되면 해마다 하는
비행 신체검사를 통과해야 한다. 그리고 선임 우주 비행사의 우주
비행 적합 판정을 받아야 한다. 그렇게만 되면 나이가 몇이든 계
속해서 우주 비행을 할 수 있다. 나는 당시 61세였던 동료와 우주
비행을 한 적도 있다.

나사 우주 비행사 중에 최고령으로 우주 비행을 한 사람은 존 글렌
이다. 그는 미국인 최초로 1962년에 지구 궤도를 돌았고, 1998년
77세의 나이로 우주왕복선 디스커버리호에 다시 올랐다. 기업 소
속의 우주 비행사들과, 그들이 모시는 우주여행 승객들이 샐리 라
이드와 존 글렌이 세운 최연소와 최고령 우주 비행 기록을 갈아
치울 거라고 나는 확신한다.

8. 나사에서는 우주 비행사를 얼마나 자주 채용하나?

나사에서는 새로운 재주꾼들이 우주 비행사 부대에 지속적으로 들어오도록 신입 우주 비행사 후보생을 정기적으로 모집한다. 1990년대에 우주정거장 건설을 준비할 당시에는 2년마다 뽑았다. 그러던 것이 2000년부터 2015년까지는 4년에 한 번씩 모집하는 것으로 바뀌었다. 우주 비행사 모집 공고는 나사의 우주 비행사 선발 웹사이트에 공지한다.

신입 우주 비행 후보생들은 연구, 산업, 항공 분야의 최신 지식을 우주 비행사 부대에 들여오고, 우주 비행 베테랑들은 힘들게 쌓은 우주 경험을 후보생들에게 전수한다. 나사에서는 베테랑 우주 비행사와 신입 후보생이 적절하게 섞이기를 바라고 있다. 베테랑 우주 비행사들이 다른 임무를 맡더라도 나사 우주 기술의 일정 수준을 유지하기 위해서다.

9. 나사에서는 한 번에 몇 명의 우주 비행 후보생을 선발하나?

향후 우주 미션에 필요한 승무원 수와 경험 요구 사항을 충족하기 위해 되도록 많은 신입 우주 비행사를 선발하려고 한다.

그간 같은 기의 후보생 규모는 7명에서 44명까지 다양했다. 최근의 후보생 수는 평균 10명 이하인데, 2030년까지 이 수준을 유지할 듯하다.

10. 훈련을 마친 우주 비행사는 어떤 임무를 부여받나?

신입 훈련을 마친 우주 비행사들은 ISS와 오리온호에서 근무할 사령관, 조종사, 미션 과학자, 비행 엔지니어 등의 승무원 자리에 임

저자의 우주 비행사 동기들. 나사의 13기 훈련생으로 모두 23명이었다. '헤어볼스Hair-balls'(마땅찮은 녀석들)란 별명이 붙었다. (나사 제공)

명된다. 나사에서는 조종사와 비행 엔지니어들을 상업용 우주 택시에 태워 보낼 계획도 갖고 있다.

우주 비행사들이 비행 임무가 없을 때는, 나사의 ISS와 인간 우주 비행 계획을 뒷바라지한다. 그리고 다음 번 미션을 준비 중인 동료 우주 비행사를 지원하기도 한다.

11. 우주에서 일하기 위한 다른 길은 없나?

우리는 바야흐로 '개인 우주 비행' 시대에 접어들고 있다. 이 시대에 여러 상업 우주 회사는 승객들을 대포알처럼 빠르게 우주로 쏘아 올릴 것이다. 이 준궤도 여행 티켓으로 승객들은 100킬로미터 상공까지 올라갈 수 있다. 이 정도 높이면 우주의 검은 낮 하늘과 수평선의 우아한 곡면이 한눈에 들어오기에 충분하다. 이 로켓 비행은 약 20분 소요되는데, 승객들은 그중 5분 정도 자유낙하 상태

(때로 무중력 상태라고 부르는 상태)를 체험할 수 있다. 궤도 여행 판매의 초창기에는 티켓 가격이 매우 비싸다. 2015년에 러시아의 소유스호를 타고 지구를 떠나 우주로 향하는 10일간 여행에 무려 4,000~5,000만 달러의 가격이 매겨졌다.

새로 생기는 우주여행사에서는 우주 택시 운전사, 체험 관광 가이드, 비행 엔지니어, 심지어 호텔 관리인까지 필요하다. 관광 회사와 우주 택시 회사들이 일단 발판을 마련하면, 곧이어 첨단 기업들이 우주에 연구실과 공장을 건설할 것이다. 그러면 연구실과 공장 등의 설비를 유지 보수하는 숙련된 인력도 필요해질 것이다.

12. 우주는 좋아하지만 굳이 우주 비행사가 되고 싶지는 않다면?

우주 비행사는 미국의 우주 계획에 종사하는 수만 명의 사람들 가운데 아주 적은 부분을 차지한다. 우주 비행사 외에도 우주 관련 직업은 얼마든지 많다. 엔지니어, 과학자, 변호사, 의사, 최신 과학기술 전문가, 건축가, 기술자, 비행 교관, 심지어 수의사도 있다.

21세기에 수행하게 될 중요 우주 미션 가운데 아예 우주 비행사가 필요 없는 것도 있다. 지구와 충돌 위험이 있는 불량 소행성을 로봇으로 저지하기 위해서는 천문학자, 미션 플래너, 우주선 설계자가 힘을 합쳐 팀을 이루어야 한다. 또 소행성과 달 자원을 채굴하고, 숙련된 우주 탐험가들을 화성에 보내려면, 젊은 세대 발명가와 창의적인 과학자들이 필요하다.

우주는 끝이 없으므로, 우주 탐험에도 끝이 있을 수 없다. 따라서 우주 탐험에 종사하는 이들은 평생토록 새로운 발견을 하고, 지구의 삶을 향상시키고, 인간이 다른 행성에서 영구 거주하는 데 기여하게 될 것이다.

13. 우주여행은 권할 만한 것인가?

왜 아니겠는가? 인간은 본능적으로 호기심을 타고난 존재다. 우주 비행사들이 사진과 영상으로 보여 준 것들을 실제로 체험하고 싶어 하는 사람은 너무나 많다. 돈을 내는 승객들에게 우주를 개방하면, 더 많은 사람이 멋진 우주와 만날 수 있을 것이다. 관광이 활성화되면 더 먼 우주까지 나아가려는 인간의 욕구는 더욱 커질 것이다. 그리고 달과 소행성과 화성 개척에 대한 관심도 더욱 뜨거워질 것이다.

장차 많은 회사들이 우주에 승객을 보내는 경쟁을 벌이게 될 테고, 그러면 탐험가와 관광객 모두가 더 싼 가격에 더 안전한 여행을 할 수 있을 것이다. 다만 우주여행이라고 해서 엄연한 물리법칙에서 자유롭지는 않다는 점을 짚고 넘어가야겠다. 다른 모든 우주 비행과 마찬가지로 우주여행에도 위험은 존재한다. 상업 우주 회사도 사고를 일으킬 수 있다. 2014년 버진 갤럭틱사의 스페이스십 2호처럼 말이다. 그러나 대가를 치르고 힘들게 얻은 교훈을 통해 앞으로 모든 우주여행자들의 안전도는 갈수록 증대될 것이다.

14. 우주에서 돈을 벌 수 있는 방법은 없나?

머리 회전이 빠른 사람들은 우주에서 굉장한 사업을 펼칠 기회가 있다고 장담한다. 2014년 세계 인공위성 산업의 매출이 1,950억 달러를 넘겼다. 그중 860억 달러가 미국에서 올린 매출이다.

그런데 이 매출은 주로 통신과 엔터테인먼트 사업에서 발생한 것이다. 그 밖에도 달과 근지구 소행성에서 채굴 가능한 금속, 물, 화합물 같은 천연자원도 돈이 될 수 있다. 우주 관련 기관과 사업체는 이 천연자원을 미래 우주 탐험과 각종 제조업의 자원으로 이용할 수 있다. 예를 들어 지름 500미터 정도의 철-니켈 소행성 하나에만도 백금 등의 원소가 170톤이 넘게 들어 있다. 돈으로 환산하면 2~3조 달러의 가치가 있다.

이미 말했듯이 우주 여행사들은 승객들을 지구 궤도로 데려가고 데려오는 데서 이윤을 창출하려고 할 것이다. 또 어떤 회사에서는 휴식과 연구, 제조 등을 위한 민간 우주정거장을 지을 것이다. 이런 우주 산업에서 거둬들인 세금은 미래의 화성 탐사 비용으로 쓸수 있을 것이다.

15. 앞으로 20년 동안 우주 탐험은 어느 정도나 발전할까?

로켓 과학자 로버트 H. 고다드는 이런 말을 했다. "불가능한 것이 무엇인가를 묻는 어렵다. 어제의 꿈은 오늘의 희망이고 내일의 현실이기 때문이다." 앞으로 20년 안에 우주 탐험가와 개척자들은 또다시 달에 갈 것이다. 그리고 먼 우주까지 나아가 흥미로운 소행성에 도달할 것이다. 이 우주여행에는 6개월~1년이 걸릴 것이다.

이미 우주에 존재하고 있는 자원을 이용하는 것이야말로 인간이 우주를 탐험하고 번창해 나갈 수 있는 핵심 열쇠다. 상업 회사들은 우주 탐험가와 개인 방문객들에게 제공할 식수와 산소, 로켓 연료를 생산하기 위해 로봇 정제 공장을 가동할 것이다. 또 근지구 소행성에서 지구 궤도로 물을 운송해 인공위성과 우주선에 필

우주 비행사가 물과 금속, 유용한 화합물을 찾아 근지구 소행성 표면에서 표본을 채취하는 상상도. (나사 제공)

요한 연료로 바꾸게 될 것이다. 소행성에서 채굴한 금속은 우주 구조물과 거주 시설을 짓는 데 필요한 자재로 쓸 수 있다. 그리고 백금 같은 금속이라면 지구까지 운송할 만한 경제적 가치가 있다. 나사와 여러 파트너들은 우주 개척자들을 화성의 두 위성 포보스와 데이모스에 보내 보급기지를 건설할 계획이다. 이는 화성에 발을 내딛기 위한 준비 작업이다.

그러나 차세대 우주 탐험가들의 우주에 대한 열정과 창의적 발상 없이는 이런 일들이 이루어질 수 없다. 이 책을 읽는 젊은 독자들이 차세대 우주 탐험가의 일원이 되었으면 하는 것이 나의 바람이다!

16. 이 책에서 설명하지 않은 부분이 있다면 개인적으로 저자에게 따로 질문해도 되나?

물론이다. 우리의 광활한 우주 공간을 탐험하는 데 보여 준 독자들의 관심에 감사를 보낸다. 나는 그간 수천 가지의 질문을 받았다. 안타깝게도 한정된 지면 탓에, 우주 비행사와 우주 탐험에 관해 떠올릴 수 있는 모든 질문에 답을 하지는 못했다. 하지만 최대한 독자를 더욱 돕고 싶다. 내 웹사이트(www.AstronautTomJones.com)에 추가 질문과 답변을 올려놓았으니 참조하기 바란다. 페이스북에 질문을 올려도 좋다. 페이스북에서 '우주 비행사 톰 존스에게 물어보라(Ask the Astronaut by Astronaut Tom Jones)'로 검색하면 된다.

우주 탐험은 끝이 없는 이야기다. 우주 탐험가는 질문하기를 그쳐서는 안 된다. 우리 인간은 호기심을 본능적으로 타고 났기 때문에 이미 알고 있는 지식만으로는 만족하지 못하는 동물이다. 진정 우리 지구 너머에, 바로 우리 옆의 행성 너머에, 그리고 우리 태양계와 은하 너머에 무엇이 있는지 알고 싶은 욕구야말로 '인간다움'의 가장 중요한 특성 가운데 하나다. 새로운 앎을 찾아 나설 차세대 우주 탐험가들을 나는 믿는다. 독자여, 그중 한 명이 되지 않겠는가?

미션 STS-80을 마치고 우주왕복선 컬럼비아호 안에서 지구 귀환을 준비 중인 저자.
(나사 제공)

용어 설명

국제우주정거장(International Space Station, ISS)
우주여행 국가들이 연합해서 1998년에 지구 궤도에 띄워 올려 조립한 우주 전초기지.

그라운드(ground)
미션 관제 센터의 유능하고 현명한 비행 관제사와 그 동료들을 일컫는 우주 비행사들의 용어.

극초음속(hypersonic)
고도의 초음속으로 대개 음속의 5배, 곧 마하 5보다 빠른 것을 뜻한다.

근지구 천체(near Earth object)
공전궤도가 태양에 가장 근접했을 때의 거리가 1.3천문단위, 곧 1억 9,600만 km 이하인 작은 소행성이나 유성. (1천문단위는 지구에서 태양까지의 평균 거리, 곧 약 1.5억 km—옮긴이)

나사(National Aeronautic and Space Administration, NASA)
1958년에 설립한 미국 항공 우주국.

뉴 셰퍼드(New Shepard)
블루 오리진Blue Origin사에서 준궤도 우주여행에 사용할 목적으로 만든 상업용 우주선.

데이모스(Deimos)
화성의 두 위성 가운데 더 작고 더 멀리 있는 위성.

랑데부(rendezvous)

우주선이 도킹이나 관찰, 수리를 하기 위해 다른 우주선에 바짝 접근하는 것.

마젤란운(Magellanic Clouds)

남반구에서 눈으로 볼 수 있는, 불규칙하게 생긴 한 쌍의 은하. 우리은하의 궤도를 도는 것일 수도 있다.

마하(Mach)

우주 항공기의 속도를 지상의 음속과 비교해서 나타낼 때 쓰는 것으로, 예를 들어 마하 1은 지상에서 음속으로 여행하는 것과 같은 속도다.

머큐리(Mercury)

미국의 제1차 유인 우주 비행 계획. 1961년부터 1963년까지 1인용 우주선으로 6차례 임무를 수행했다.

모듈(module)

선실, 실험실, 로켓 등을 가리키는 말로, 우주선의 일부를 이루지만 독립적으로 기능하는 것.

미르(Mir)

구소련과 이후 러시아의 우주정거장으로 1989년부터 2001년까지 지구 궤도를 돌았다.

미소 유성체와 궤도 쓰레기(Micrometeoroid and orbital debris, MMOD)

인간이 만든 우주의 입자 또는 자연물로 우주선에 위협이 되는 것.

미션 경과 시간(Mission elapsed time)

우주선을 발사할 때 이 시간을 0으로 하고, 이후 경과하는 초, 분, 시간, 날짜를 세는 우주에서의 시간 계측 방법. 아폴로와 우주왕복선 비행 시 중요하게 활용되었다.

미션 전문가(mission specialist)
우주왕복선에 승선하는 나사의 우주 비행사. 주로 궤도상에서 우주선을
조작하고, 과학 연구를 하며, 우주유영이나 로봇 팔 조작을 하기도 한다.

달(Moon)
지구의 하나뿐인 위성. 영어 소문자로 'moon'이라고 쓰면 지구 아닌 다
른 행성의 위성을 뜻한다.

도킹(docking)
두 우주선의 결합. 도킹을 통해 승무원 이동이나 공급 물자 전달, 우주선
조립과 같은 작업을 할 수 있다.

로켓(rocket)
탑재한 연료를 태워 고속 분사를 함으로써 물체를 추진시키는 기관. 원
하는 방향으로 로켓을 움직이면 반대 방향으로 반작용이 발생한다.

링크스(Lynx)
민간 우주항공사인 엑스코Xcor에서 만든 우주선. 일반인의 지구 준궤도
우주 비행을 위해 설계된 것이다.

미션 관제 센터(Mission Control Center)
효율적인 우주 비행 이행을 책임지는 지상관제 센터.

반응 제어 장치(reaction control system, RCS)
우주선의 방향과 궤도를 변경하기 위해 작은 제어 로켓을 이용하는 우
주선 제어 장치.

발사 중지(pad abort)

발사대에서 로켓 엔진이 점화된 후의 발사 카운트다운 긴급 중단.

발사 탈출 장치(launch escape system)

우주선 발사 사고나 로켓 사고 시 우주 비행사들을 탈출시키기 위한 안전장치.

보밋 코밋(Vomit Comet)

우주 비행사 훈련과 과학 연구 수행 목적으로 지구상에서 자유낙하 상태를 만들기 위해 사용하는 나사의 항공기 시리즈에 붙은 별명. 나사에서 1967년부터 2004년까지 보잉 KC-135 탱크 항공기 시리즈를 개조해서 사용했는데, 이들 항공기가 롤러코스터처럼 속을 메스껍게 해서 이런 별명이 붙었다.

살류트(Salyut)

구소련이 만든 우주정거장. 1970~1980년대에 지구 궤도를 돌았다.

서블리메이터(sublimator)

얼음을 기화(승화)시킴으로써 우주 비행사의 방열복을 순환하는 물을 차갑게 하는 우주복의 내부 냉각 장비.

선외 활동(Extravehicular activity)

일정 기압이 유지되는 우주선을 벗어나 밖에서 수행하는 활동.

선외 활동용 우주복(Extravehicular Mobility Unit, EMU)

국제우주정거장에서 작업을 할 때 입는 나사 우주 작업복. 우주 비행사가 우주선 밖에서 효율적으로 작업할 수 있도록 설계되었다.

선저우(Shenzhou, 神舟)

중국의 유인 우주선. 러시아의 소유스호 디자인을 토대로 만든 것이다.

세이퍼(Simplified Aid For EVA Rescue, SAFER)
　　우주 비행사가 궤도에서 선외 활동EVA을 하다가 뜻하지 않게 표류하게
　　된 경우 우주선으로 귀환할 수 있도록 등에 매단 로켓 장비.

소유스(Soyuz)
　　국제우주정거장ISS에서, 또는 ISS로 우주 비행사를 실어 나르기 위해 러
　　시아에서 사용하는 유인 우주선.

소행성(asteroid)
　　태양 둘레를 도는 작은 행성. 주로 화성과 목성 사이에 자리 잡고 있다.
　　(소행성은 지름이 큰 것은 775km, 작은 것은 1.6km도 안 된다. 지구 지름은 1만
　　2,742km─옮긴이)

스페이스십 2호(Spaceship Two)
　　버진 갤럭틱Virgin Galactic사에서 만든 우주선. 지구 준궤도 우주여행 승객
　　을 나르기 위한 것이다.

스카이랩(Skylab)
　　미국이 최초로 지구 궤도에 올린 우주정거장. 1973~1974년에 3명의 우
　　주 비행사가 방문했다.

CST-100 스타라이너(CST-100 Starliner)
　　보잉사에서 만든 유인 우주선으로 우주 비행사와 화물을 지구 저궤도까
　　지 올리기 위해 설계된 것이다.

아폴로(Apollo)
　　미국의 제3차 유인 우주 비행 계획으로, 12명의 우주 비행사를 달 표면으
　　로 보냈다. 아폴로 우주선은 1968년부터 1975년까지 여러 임무를 띠고 우
　　주 비행을 했다. (구소련이 1957년에 최초의 인공위성인 스푸트니크호를 지구
　　궤도에 보내는 데 성공한 이후, 미국은 유인 우주 비행 계획에 착수해, 1958년에

제1차로 머큐리 계획을, 이후 2차로 제미니 계획을 추진했다―옮긴이)

액체 냉각 환기복(liquid cooling and ventilation garment, LCVG)
우주 비행사가 우주복 안에 입는 옷. 물과 산소 순환 튜브를 이용해 체온을 조절한다.

엑스퍼디션(expedition)
탐사, 탐험, 원정이라는 뜻으로, 여기서는 국제우주정거장에서 장기 체류하는 것을 뜻한다. 16차 장기 체류일 경우 '엑스퍼디션 16'이 된다.

역추진 로켓(retrorocket)
우주선의 비행 방향과 반대 방향으로 힘을 가하는 로켓. 주로 대기권 재진입을 위해 우주선의 속도를 늦추기 위해 사용한다.

열 안정화(thermostabilization)
미생물을 살균 처리하여 음식물의 부패를 막기 위해 특정의 열과 압력을 가하는 우주 식량 보존 처리 방법.

오리온(Orion)
나사의 먼 우주 탐사선. 우주 비행사들을 달 주변이나 소행성 근처까지 보내기 위해 설계되었다. 더 큰 화성행 우주선의 일부로 쓰일 수도 있다.

우주발사장치(Space Launch System)
오리온호 등의 우주선을 먼 우주로 보내기 위해 나사에서 만들고 있는 발사용 로켓.

우주 비행사(astronaut)
우주선 승무원이 되기 위해 전문적인 훈련을 받은 사람.

우주 비행 참가자(spaceflight participant)
　　어떤 정부나 민간 우주 항공사의 우주여행권을 구매한 우주여행자.

우주선(cosmic ray)
　　무거운 고속의 원자 입자―대개는 원자핵이거나 광자―로, 죽어 가는
　　별이 초신성 폭발을 일으킬 때 만들어지거나, 은하 중심부에서 발견되
　　는 활성 은하핵 안에서 만들어진다.

우주선 실험 전문가(payload specialist)
　　특수 과학 위성 탑재 기기payload를 조작하는 임무나 한두 가지 특수 임무
　　를 띠고 비행하도록 선택된 나사 우주왕복선 승무원.

우주왕복선(space shuttle)
　　미국의 우주선. 재사용 가능한 우주선과 로켓 추진 장치, 그리고 1회용
　　외장 연료 탱크로 이루어졌다. 1981년부터 2011년까지 운행했다.

우주 운송 시스템(Space Transportation System, STS)
　　우주왕복선을 일컫는 나사의 공식 명칭.

우주 적응 증후군(space adaptation syndrome)
　　일부 우주 비행사가 궤도 비행 시 자유낙하 환경에 적응하지 못하고 구
　　토를 일으키는 증상.

우주 탐험가 협회(Association of Space Explorers)
　　우주에서 여러 임무를 수행한 전 세계의 우주 비행사 모임.

원격 조종 장치(remote manipulator system, RMS)
　　우주왕복선이나 국제우주정거장에서 원격 조종하는 로봇 팔. 궤도에서
　　우주선을 붙잡고, 장비를 옮기고, 유지 보수를 하는 등의 작업을 할 때
　　이용된다.

원심기(centrifuge)
> 축을 중심으로 물질을 회전시켜 원심력을 가하는 장치. 탑승자가 회전 팔 끝에 타고 수평 가속 회전을 하면서 우주 비행 훈련을 한다. 이 기계는 중력을 대신하는 가속도를 만들어 내기도 한다.

웨이틀리스 원더(Weightless Wonder)
> 2005년부터 KC-135 보밋 코밋의 뒤를 이은 나사의 중력 감소 항공기인 맥도넬-더글러스 C-9 수송기에 붙은 별명. 이 항공기는 2015년까지 우주 비행사의 자유낙하 모의실험 훈련에 사용되었다.

유럽우주국(European Space Agency, ESA)
> 1975년 유럽에서 공동으로 설립한 우주개발 기구.

은하(galaxy)
> 광막한 우주에서 다른 항성계와는 동떨어진 채, 상호 중력으로 한데 모인 대규모 항성계.

은하수(Milky Way)
> 태양과 태양계가 속해 있는 우리의 고향 은하.

일본 우주항공 연구개발 기구(Japan Aerospace Exploration Agency, JAXA)
> 일본의 우주개발 정책을 담당하는 일본 문부과학성 소속의 독립 행정 법인 기관.

자리야(Zarya)
> 1998년에 러시아에서 발사해 궤도에 올린 인류 최초의 국제우주정거장 관리 모듈.

자유낙하(free fall)
> 중력이라는 하나의 힘만 작용하는 물체의 운동. 비슷한 용어로 무중력

zero G · weightlessness, 극미중력microgravity이 있다. (중력은 거리의 제곱에 반비례
한다. 따라서 우주에 중력이 작용하지 않는 곳은 없다. 무중력 상태는 중력의 효과
를 느끼지 못하는 상태로, 자유낙하 상태라고 하는 것이 더 적확하다─옮긴이)

제미니(Gemini)

미국의 제2차 유인 우주 비행 계획. 아폴로 우주선을 달까지 보내기 위
한 준비 작업으로 1965~1966년에 10쌍의 우주 비행사들을 지구 궤도
에 올려 보냈다.

제트 추진 연구소(Jet Propulsion Laboratory, JPL)

캘리포니아주 패서디나의 캘리포니아 공과대학에서 운영하는 연구소.
나사 우주선을 연구 개발하고 보수한다. 이 연구소는 특히 로봇 행성 탐
사와 지구 관측 임무를 전문적으로 다룬다.

존슨 우주 센터(Johnson Space Center, JSC)

텍사스주 휴스턴에 있는 나사 산하 시설로, 특히 유인 우주 계획을 총괄
한다.

주 생명 유지 장비(Primary Life Support System)

나사의 현 국제우주정거장 우주복인 EMU와 함께 사용되는 배낭 형태
의 장비.

중성부력 실험실(Neutral Buoyance laboratory, NBL)

휴스턴에 있는 나사의 600만 갤런(2,271만 리터)들이 물탱크. 우주복과
각종 우주 장비, 그리고 우주 비행사의 자유낙하 등을 모의 실험하는 데
이용된다. (중성부력이란 무중력 상태와 유사하게 뜨지도 가라앉지도 않는 중립
의 상태─옮긴이)

초신성(supernova)

죽어 가는 별이 붕괴하고 폭발하면서 한동안 하나의 은하 전체보다 더

밝게 빛나는 별.

케네디 우주 센터(Kennedy Space Center, KSC)
플로리다주 케이프 커내버럴 근처에 있는 나사 산하 시설로 우주선 발사를 총괄한다.

크루 드래건(Crew Dragon)
지구 저궤도 목적지까지 화물이나 사람을 운송하기 위한 것으로, 민간 회사인 스페이스엑스SpaceX에서 만든 것이다. 나사 화물을 국제우주정거장으로 운송하기 위해 사용되는 스페이스엑스 무인 화물 우주선을 기지로 삼는다. (스페이스엑스는 로켓과 우주선을 개발하고 발사하는 미국의 우주 운송 기업. 2002년에 인터넷 벤처기업 페이팔의 창업자 일론 머스크가 설립했다─옮긴이)

T-38
우주 비행사의 우주 비행 대비 훈련을 위해 나사에서 사용하는 미국 공군의 2인승 훈련용 제트기. 노스롭 T-38 탤런(Nothrop T-38 Talon)이 정식 명칭임.

포보스(Phobos)
화성의 두 위성 가운데 더 가깝고 더 큰 위성. 데이모스 참고.

프로그레스(Progress)
국제우주정거장에서 필요한 물품을 전달하기 위한 러시아의 무인 화물 우주선.

플라스마(plasma)
고체, 액체, 기체 등 물질의 4가지 기본 상태 가운데 하나. 플라스마는 고온의 하전 입자로 이루어져 있으며, 우주에서 가장 풍부한 일반 물질이다.

헤어볼스(Hairballs)

나사에서 1990년에 뽑은 우주 비행사 후보생 13기의 자칭 별명.

협정 세계시(Coordinated Universal Time, UTC)

시간을 어떻게 측정하고 세계 각 지역의 시각을 어떻게 나타낼 것인가의 토대가 되는 세계 표준 시간. (천체의 운동을 기준으로 정한 평균 태양시, 곧 그리니치 표준시GMT는 시간이 경과하면 약간의 오차가 발생한다. 그래서 오차가 거의 없는, 세슘 원자의 진동에 의한 원자 시간을 정해서 1972년부터 이를 이용한 UTC를 세계 표준시로 쓰고 있다―옮긴이)

감사의 글

우주여행에 관한 다방면의 질문에 너그럽게 답해 준 동료 우주 비행사들에게 감사드리고 싶다. 켄 코크렐, 샌디 매그너스, 톰 마시번, 팸 멜로리, 돈 페팃, 그리고 칼 월즈가 특히 많은 도움을 주었다. 스미스소니언 북스 편집 팀인 캐롤린 글리슨, 크리스티나 위긴턴, 제이미 센더, 매트 리츠, 린 엔저, 레이첼 라패저, 진 크로포드 등이 원고 수준을 높일 수 있는 좋은 제안을 많이 해 주었고, 국제우주정거장에 관한 값진 자료를 추가할 수 있게 해 주었다. 서비스 스테이션에서는 눈길을 잡아끄는 표지 디자인을 해 주었고, 우주선 동료 마샤 어빈스는 내가 국제우주정거장 밖에서 작업하는 소중한 사진을 찍어 주었고, 나사의 그웬 피트먼은 추가할 만한 사진을 찾아 주었다. 내 에이전트인 그로스베너 리터러리 에이전시의 데보라 그로스베너는 이 책의 집필을 제안하고 출간까지 이끌어 주었다. 나는 이 책을 쓰면서 나사의 일 못지않게 실수가 없도록 애를 썼다. 그래도 뭔가 실수가 있다면 그건 전적으로 내 책임이다.

또한 아내 리즈 존스에게 감사의 말을 전한다. 아내는 참을성 있게 많은 시간을 들여 원고를 교정해 주고, 글을 개선하고 예리하게 다듬어 주었다. 아내는 내 우주여행의 즐거우면서도 불안한 순간들을 지켜보면서, 단 한 번도 내 발걸음을 붙들지 않았다. 아내가 없었다면 성공적인 우주 비행도, 이 책도 가능하지 않았을 것이다.

저자에 관하여

토머스 D. 존스 박사는 과학자와 저술가, 비행사, 그리고 나사의 베테랑 우주 비행사다. 나사에서 11년 이상을 보내며 지구 궤도까지 네 차례 우주 왕복 비행을 했다. 마지막 우주 비행 때는 국제우주정거장의 핵심 요소인 데스티니 실험실을 설치하기 위해 세 차례 우주유영을 했다. 우주에서 일하며 지낸 시간이 모두 53일에 이른다.

미국 공군사관학교를 졸업한 후 B-52D 전략 폭격기를 조종했고, 애리조나대학에서 행성학 박사 학위를 받았다. 소행성에서 물을 찾는 연구를 했으며, CIA를 위해 정보 수집 시스템 공학을 연구했고, 나사를 도와 태양계 탐사 고등 미션 개념을 발전시켰다.

톰 존스는 이 책 외에도 우주와 비행에 관한 다른 책들을 썼다. 『행성학 Planetology』(엘런 스토팬과 공저), 『헬호크스! 히틀러의 독일군을 유린한 미국 비행사들의 비화 Hell Hawks! The Untold Story of the American Fliers Who Savaged Hitler's Wehrmacht』(로버트 F. 도어와 공저), 『스카이 워킹: 우주 비행사 회고록 Sky Walking: An Astronaut's Memoir』이 그것이다. 《월스트리트 저널》에서는 『스카이 워킹』을 우주에 관한 5대 저술로 꼽았다. 저자는 《항공우주 스미스소니언》, 《항공우주 아메리카》, 《파퓰러 미케닉스》, 《AOPA 파일럿》에 자주 에세이를 싣고 있다.

존스 박사는 나사 공로패, 나사 우주 비행 메달 4개, 나사 특별 공로상, 나사 발군의 리더십 메달, 나사 특별 공익 봉사 메달, 파이베타카파 협회상, 공군 표창 훈장, 이글스카우트 상 등을 받았다. 그를 기려서 소행성대의 소행성 1082호가 톰존스로 명명되었다.

톰은 나사 자문 위원회에서 일했고, 우주 비행사 기념 재단과 우주 탐험가 협회의 이사이다. 현재 플로리다 인간과 기계 인지 연구소의 선임 연구과학자로서, 유인 우주 탐험의 미래 방향, 소행성과 우주 자원 이용, 행성 방어 등에 관한 연구에 집중하고 있다. 세계 각지에서 자주 강연을 하고 있으며, 과학과 우주 비행에 관한 전문 논평자로 TV와 라디오에도 자주 등장한다.

이 책의 저자 서명본을 구매하거나, 저자를 연사로 초대하고자 하는 이는 www.AstronautTomJones.com을 통해 문의하기 바란다.

우주에서 살기, 일하기, 생존하기
: 우주 비행사가 들려주는 우주 비행의 모든 것

1판 1쇄 발행일 2017년 6월 29일
1판 2쇄 발행일 2018년 1월 22일

지은이 톰 존스 ㅣ 옮긴이 승영조
펴낸이 권준구 ㅣ 펴낸곳 (주)지학사
본부장 황홍규 ㅣ 편집장 윤소현 ㅣ 편집 김지영 ㅣ 마케팅 손정빈 송성만
디자인 정은경디자인 ㅣ 제작 김현정 박대원 이진형
등록 2017년 2월 9일(제2017-000034호) ㅣ 주소 서울시 마포구 신촌로6길 5
전화 02.330.5295 ㅣ 팩스 02.3141.4488 ㅣ 이메일 booktrigger@naver.com
홈페이지 www.jihak.co.kr ㅣ 포스트 http://post.naver.com/booktrigger

ISBN 979-11-960400-3-1 03440

이 도서의 국립중앙도서관 출판예정도서목록(CIP)은 서지정보유통지원시스템 홈페이지
(http://seoji.nl.go.kr)와 국가자료공동목록시스템(http://www.nl.go.kr/kolisnet)에서
이용하실 수 있습니다.(CIP제어번호: CIP2017013294)

북트리거

트리거(trigger)는 '방아쇠, 계기, 유인, 자극'을 뜻합니다.
북트리거는 나와 사물, 이웃과 세상을 바라보는 시선에 신선한 자극을 주는 책을 펴냅니다.